纳米材料与功能型木材

郑荣波　郭雪莲■著

中国林业出版社
·北京·

图书在版编目(CIP)数据

纳米材料与功能型木材 / 郑荣波,郭雪莲著. —北京:中国林业出版社,2020.8
ISBN 978-7-5219-0653-0

Ⅰ. ①纳… Ⅱ. ①郑… ②郭… Ⅲ. ①木材-纳米材料　Ⅳ. ①S781

中国版本图书馆 CIP 数据核字(2020)第 112941 号

中国林业出版社·建筑家居分社
责任编辑:陈 惠 杜 娟
电　　话:(010)83143614

出　　版:中国林业出版社(100009 北京西城区刘海胡同 7 号)
网　　站:http://www.forestry.gov.cn/lycb.html
印　　刷:北京中科印刷有限公司
发　　行:中国林业出版社
版　　次:2020 年 10 月第 1 版
印　　次:2020 年 10 月第 1 次
开　　本:1/16
印　　张:10.25
字　　数:300 千字
定　　价:75.00 元

前　言

　　纳米材料是 20 世纪 80 年代末兴起，并正在持续发展的前沿、交叉性的学科领域。由于特有的效应带来的诸多特异性质，纳米材料在环境、能源、生物、医药等领域有着潜在、广泛的应用，深深影响着人们的日常生活、国防安全以及空间探索等。木材制品作为一种可再生、天然高分子材料，是日常生活和经济建设中用途最广泛的四大传统材料（钢材、水泥、木材和塑料）中唯一的生物质材料，具有美观舒适、高强重比、易黏结、刚柔适中、可降解、可再生、负碳排放等优点。木材的细胞壁主要由无色亲水的纤维素、半纤维素和有色吸光且疏水的木质素三种成分组成，因富含羟基、羧基等官能团，因此木材不仅在水、太阳光和微生物等因素的协同作用下易自然老化，还不透光、不能作为光催化剂载体。

　　众多科研工作者将二氧化硅、二氧化钛、氧化锌、银等纳米材料沉积在木材表面及细胞壁内，通过提高木材的尺寸稳定性，赋予疏水、防紫外线、杀菌防虫等性能，以提高木材的耐候性，延长使用寿命，扩大使用范围。此外，木材固有的三维分级多孔结构，不仅被用作模板来制备相应结构的碳、二氧化硅等纳米复合材料，还被用作载体沉积负载具有导电、光热转化、热致相变、磁性、荧光等性能的纳米材料，制备出导电、产生太阳能蒸汽、保暖/制冷、荧光、磁性等特性的功能型木材。近年来，通过选择性去除木材木质素且完整保留纤维素骨架的策略，而制备出更加多孔亲水的漂白木用作功能型纳米材料的载体，成为木材领域研究热点。基于其吸光、疏水特性的木质素残留量更低，微纳孔更多的特点，漂白木不仅可透过紫外可见光、输送水等物质的速度更快，还为异相功能材料的填充、负载提供了便利通道和位点，再结合热压这一传统技术，超硬木、空调木、净水木以及透明木等功能型木材都被成功研制并在节能减排建筑、污水净化、太阳能电池光控材料等领域展现出广泛、潜在的应用前景，使得木材这一传统生物质材料迎来又一个春天。

　　基于笔者在三元硫铟化合物、CdTe 量子点、银铂贵金属/碳基/二氧化钛基等功能型纳米材料的制备，以及在锂离子电池、黑白电子纸、污水净化等应用领域的研究成果；双氧水汽蒸去除木材中的木质素制备透明木材，以及将二氧化钛、碳纳米管和环氧树脂/有机玻璃等功能纳米材料沉积、负载、填充在木材和漂白木的表面和内部，研制可防老化的耐候木、可处理污水的净水木、可透光的透明木的科研背景，依次对各类型纳米材料的制备、表征、应用，以及纳米材料对木材的功能化展开了论述。不仅将新兴纳米材料学科与传统木材学科复合交叉，有助于木材的高附加值、功能化，还为木材在污水净化、节能建筑材料领域中的应用提供了可行性，助力绿水青山、节能减排。

　　全书共 8 章。第 1 章绪论，阐述纳米材料的定义、结构、性质及在木材等领域的应用；第 2 章三元硫铟化合物，阐述三元硫铟化合物的溶剂热、离子交换法的制备与表征；第 3 章 CdTe 量子点，阐述了 1 维硫属单质纳米材料的制备及用作碲源、水热制备 CdTe 量子点荧光材料；第 4 章碳基纳米复合材料，阐述超声雾化热解法制备 Rattle-type 中空碳球、磁性中空碳球、密度可调碳—氧化铁黑色颜料、多孔中空银微米球及其在锂离子电池负极材料、黑白电泳显示器黑色颜料中的应用；第5章阐述碳为偶联剂在功能核表面沉积纳米二氧化钛或铂纳米颗粒；第6章至第8章分别阐述了纳米二氧化钛、纳米碳管功能化漂白木制备净水木；在木材表面原位构筑微纳二氧化钛制备耐候木；双氧水汽蒸制备漂白木结合真空灌注环氧树脂/有机玻璃制备透明木及其应用。本书第1~5章由郑荣波、朱亮亮、张凯睿、张钧撰写，第6~8章由郭雪莲、李华杨、何玉明、郑海撰写，最后由郑荣波统稿。

本书的研究工作得到云南省科技厅（云南省基础研究计划重点项目202001AS070041、农业联合专项面上项目2017FG001-36）、国家自然科学基金（31870546、31100420）和国家留学基金的资助；本书的出版得到云南省木材胶黏剂及胶合制品重点实验室、云南省木质材料加工工程研究中心、西南林业大学化学工程学院和材料科学与工程学院的资助，中国林业出版社为本书的编辑出版付出了艰辛劳动，在此一并表示真挚的感谢！

为了更专业地分析说明相关实验，本书多数插图选用了英文标注。鉴于笔者水平所限，该书难免存在一些疏漏之处，敬请批评、指正。

著 者

2020 年 6 月

目　录

第1章 绪 论

1.1 纳米材料简介

纳米材料又称纳米结构材料，是20世纪80年代末兴起的新兴交叉学科，是指三维空间尺寸至少有一维处于纳米尺度（$10^{-9} \sim 10^{-7}$m）的材料[1]。根据空间维数可分为：零维材料（纳米粒子）、一维材料（纳米线、纳米棒、纳米管）以及二维材料（纳米薄膜），该定义中的空间维数是指未被约束的自由度。根据其聚集状态，通常划分为两个层次：纳米微粒和纳米固体[2]。纳米微粒包括团簇、纳米粒子和量子点等，指的是尺寸为纳米量级的超细微粒，它是研究纳米材料的基础。纳米固体又称纳米结构材料，它是由纳米微粒聚集而成的块材、薄膜、多层膜、纤维等，基本构成是纳米微粒及它们之间的界面。

纳米材料的研究主要包括两个方面：一是系统地研究纳米材料的性能、微结构和光谱学特征，通过与常规材料对比，找出纳米材料特殊的规律，并建立描述和表征纳米材料的新概念和新理论，来发展和完善纳米材料科学体系；二是发现与合成新型的纳米材料及新颖的纳米结构[3]。目前，纳米材料应用中的关键性技术问题是在大规模制备与应用中，高质、高效地做到均匀化、分散化和稳定化。

纳米材料作为一门新兴的材料学科，所具有的表面效应、体积效应、量子效应和宏观量子隧道效应以及由此而引起的奇异力学、电学、磁学、光学和化学活性，已成为材料科学等众多领域的研究热点，被认为是21世纪最有前途的材料，有着十分广泛和诱人的应用前景。早在1959年，著名物理学家、诺贝尔奖获得者R P Feynman曾预言："毫无疑问，当我们得以对纳米尺度的物质加以操控的话，将大大扩充我们可能获得物性的范围"。IBM公司的首席科学家Armstrong也曾预言："我相信纳米科技将在信息时代的下一个阶段占中心地位，并发生革命性的作用，正如20世纪70年代初以来微米科技已经发挥的作用那样"。这些预言十分精辟地指出了纳米体系的地位和作用，有预见性地概括了从现在到下个世纪的材料科技发展的一个新的动向，这些也正是纳米材料的吸引人之处。

1.2 纳米材料的结构与物理化学性质

1.2.1 纳米材料的结构

按原子排列的对称性和有序度，纳米材料可分为：纳米晶体材料、纳米非晶材料和纳米准晶材料；按成键方式又可分为：纳米离子晶体材料、纳米半导体材料以及纳米陶瓷材料。纳米粒子是由几十至几千个原子、分子组合起来的"人工分子"，这种"人工分子"往往具有与块体材料不同的结构特征。纳米材料主要是由晶粒和晶粒界面两部分组成：①晶粒组元，该组元中所有原子都位于晶粒内的格点上；②界面组元，所有原子都位于晶粒之间的界面上，这些原子是由超微晶粒的表面原子转化而来[4]。而对于纳米非晶固体或准晶固体则是由非晶组元构成。因此，纳米材料的结构是由纳米晶粒的内部结构和纳米的粒界面的微观结构共同组成。纳米微粒内部的原子排列比较整齐，但其表面用高分辨电镜可以观察到原子台阶、表面层缺陷等细微结构。

纳米材料是纳米尺寸的原子与分子的集合体，其界面原子占很大比例。每个粒子都是结构上完整的小晶粒，可以看成是由两部分原子集合而成的，即体相中配位饱和、作用力场对称的原子和粒子表面具有不饱和键、作用力不对称的原子组成。当纳米固体材料的粒径为5nm时，位于界面上的原子占原子总数的50%左右。每立方厘米中则有10^{19}种不同的边界原子排列方式，边界上的原子则采取择优最临近排列结构，因此可以认为界面部分的微结构与长程有序的晶态不同，也与短程有序的非晶态不同。纳米晶粒内部的微观结构与传统的晶体结构还是有一定差别的。由于每个晶粒的内部只含有有限数目的晶胞，晶格点阵的畸变是不能被忽略的。同时，尽管纳米晶粒都非常小，但是与传统的晶体材料类似，其内部也会存在着各种各样的点阵缺陷，如点缺陷、位错等。

纳米材料中晶界的原子由于其结构十分复杂，在20世纪80年代末到90年代初曾一度成为纳米材料研究领域中的一个热点。纳米材料的结构模型最初由Gleiter等人在1987年提出完全无序说[5]。这种学说的主要观点是纳米微晶界面具有较开放的结构，其原子排列既没有长程有序，也没有短程有序，是一种类气态的、无序度很高的结构，又被称为类气体(Gas-like)模型。近年来，关于纳米微晶界面结构研究的大量事实都与这个模型有出入。因此，人们又提出了以下两个更为合理的模型：①Siegel的有序说[6]，这种学说认为纳米晶界处的原子结构与一般块材的晶界结构并无太大的差别，即晶界处含有短程有序的结构单元，纳米晶界上的原子排列是有序的或者是局域有序的。Ishida等人用高分辨电镜在纳米Pd的晶界中观察到局域有序化的结构，并发现了孪晶、层错和位错等通常只有在有序晶体中才出现的缺陷结构，这一发现有力地支持了纳米晶界有序学说[7]。但目前在描述纳米材料界面有序程度上尚有差别。②结构特征分布学说[8]，基本思想是：纳米结构材料的界面并不是具有单一的结构，界面结构是多种多样的，界面存在一个结构上的分布，它们处于从无序到有序的中间状态。某些晶界显示出完全有序的结构，而另一些则表现出较大的无序性，这些无序的晶界在电子束长时间轰击下会逐渐地向有序结构转变，由此提出了结构特征分布学说，又被称为有序无序说，即认为纳米晶界中有序与无序结构并存。由此可见，由于决定纳米材料晶界结构的因素很多，目前很难用一个统一的模型来描述纳米晶界的微观结构。事实上纳米材料中的晶界结构可能非常复杂，它不但与材料的成分、键合类型、制备方法以及成键条件等因素有关，而且在同一块材料中不同晶界之间也各不相同，可以认为纳米材料中的界面存在着一个结构上的分布，它们处于从无序到有序的中间状态，有的与粗晶界面结构相似，而有的则更趋于无序状态。

1.2.2 纳米材料的物理化学性质

由于纳米材料属于原子簇和宏观物体之间的过渡区域，是由数目很少的原子或分子组成的聚集体[9]，纳米材料的表面层原子占很大比例且是无序类气体结构，内部原子则存在有序结构，因此纳米材料具有壳层结构，与体相材料的完全长程有序不同，这种结构的特殊性使纳米材料呈现出许多奇异的特性，目前可归结为以下六个方面的效应。

（1）量子尺寸效应

当金属或半导体从三维减少到零维时，载流子（电子、空穴）在各个方向上均受限，粒子尺寸下降到某一值（激子玻尔半径）时，金属费米能级附近的电子能级由准连续变为离散能级的现象、纳米半导体微粒存在不连续的最高被占据分子轨道和最低未被占据的分子轨道能级的能隙变宽现象均称为量子尺寸效应[10-11]。半导体纳米微粒的电子态由体相材料的连续能带过渡到分立结构的能级，表现在光学吸收谱上为从没有结构的宽吸收过渡到具有结构的特征吸收[2,12]。纳米材料的量子尺寸效应表现在光吸收光谱上则是其吸收特性从没有结构的宽谱带过渡到具有结构的离散谱带。量子尺寸效应带来的能级改变和能隙变宽，使微粒的发射能量增加，光学吸收向短波方向移动（蓝移）[13]。直观上表现为样品颜色的变化，如 CdS 微粒由黄色逐渐变为浅黄色，金的微粒失去金属光泽而变为黑色等。当能级间距大于热能、磁能、静磁能、静电能、光子能量和超导态的聚集能时，必然导致纳米粒子的磁、光、声、热、电以及超导电性与宏观物质的特性不同，从而引起了颗粒的磁化率、比热容、介电常数和光谱线的位移。

（2）小尺寸效应（体积效应）

当超细微粒的尺寸与光波波长、德布罗意波长以及超导态的相干长度或透射深度等物理特征尺寸相当或更小时，晶体周期性的边界条件将被破坏；非晶态纳米微粒的颗粒表面层附近原子密度减小，导致声、光、电、磁、热、力学等特性都将随尺寸减小而发生显著变化，这就是纳米材料的小尺寸效应，即体积效应[14]。这种特异效应为纳米材料的应用开拓了广阔的新领域，例如，随着纳米材料粒径的变小，其熔点不断降低，烧结温度也显著下降，从而为粉末冶金工业提供了新工艺；利用等离子共振频移随晶粒的尺寸变化的性质，可通过改变晶粒尺寸来控制吸收边的位移，从而制造出具有一定频宽的微波吸收纳米材料，用于电磁波屏蔽；光吸收显著增加并产生吸收峰的等离子共振频移；声子发生改变；超导相向正常转变等。

（3）表面效应与界面效应

当材料的粒径远大于原子直径时，表面原子可以忽略。然而，当粒径逐渐接近原子直径时，表面原子的数目及作用就不能忽略了，而且这时晶粒的比表面积和比表面能等都发生了很大的变化，人们把由此而引起的种种特异效应统称为表面效应[15]。纳米粒子尺寸小、表面积大、界面多。随着粒径的减小，纳米粒子的表面原子数迅速增加，表面积增大，表面能及表面结合能也迅速增大。由于纳米材料的表面原子与内部原子所处的环境不同，表面原子周围缺少相邻的原子，有许多悬空键，表面能及表面结合能都很大，易与其他原子相结合而稳定下来，因此表现出很高的化学活性，这种表面状态，不但会引起纳米材料表面原子输运和构型的变化，同时也引起表面电子自旋构象和电子能谱的变化。例如，金属的纳米材料在空气中会燃烧，无机纳米材料暴露在空气中会吸附气体，并与气体发生反应等。

（4）宏观量子隧道效应

量子物理中把粒子能够穿过比它动能更高的势垒的物理现象称为隧道效应。这种量子隧道效应即微观体系借助于一个被禁阻路径从一个状态改变到另一个状态，在宏观体系中当满足一定条件时也可能存在。人们发现纳米材料的一些宏观性质，如磁化强度、量子相干器件中的磁通量及电荷等也具有隧道效应，它们可以穿越宏观系统的势垒而发生变化，这种现象称为宏观量子隧道效应。用此概念可以来定性解释纳米镍粒子在低温继续保持超顺磁性等现象。宏观量子隧道效应与量子尺寸效应一起确定了微电子器件进一步微型化的极限，也限定了采用磁带、磁盘进行信息储存的最短时间，从而也确立了现存微电子器件进一步微型化的极限。

(5)量子限域效应

半导体纳米微粒的半径 R 小于 a_B（激子 Bohr 半径）时（半导体的自由激子），电子的平均自由程受小粒径的限制，局限在很小的范围内，空穴很容易与它形成激子，引起电子和空穴波函数的重叠，这就很容易产生量子吸收带。随着粒径的减小，重叠因子增加。当 R 小于 a_B 时，电子和空穴波函数的重叠 $|U(0)|^2$ 将随粒径减小而增加，近似于 $(a_B/R)^3$。因为单位体积微晶的振子强度 $f_{微晶}/V$（V 为微晶体积）决定了材料的吸收系数，粒径越小，$|U(0)|^2$ 越大，$f_{微晶}/V$ 也越大，则激子带的吸收系数随粒径下降而增加，即出现激子增强吸收并蓝移，这就是量子限域效应。纳米半导体微粒增强的量子限域效应，使它的光学性能不同于常规半导体。

(6)介电限域效应

介电限域是指当纳米微粒分散在异质介质中，由于界面引起的体系介电增强，这种介电增强的现象通常称为介电限域，主要来源于微粒表面与内部局域场的增强。半导体粒子随着粒径的减小，其表面积不断增大，微粒的性质将受到表面状态的强烈影响，当在半导体超微粒表面修饰某种介电常数较小的材料时，相对于裸露在半导体材料周围的其他介质而言，发生了很大变化，这种差别就是由介电限域效应所造成的。相对半导体而言，纳米微粒中电荷载体产生的电力线更容易穿过这层介电常数较小的周围介质，于是屏蔽效应减弱，同时带电粒子间的库仑作用力增强，结果增强了激子的结合能和激子振子强度。一般来说，过渡族金属氧化物和半导体微粒都可以产生介电限域效应。纳米微粒的介电限域效应对光吸收、光化学、非线性光学等性质都有着重要影响。

纳米材料以上六方面的特异效应产生了下列显著的、不同于相应块体材料的奇特的物理化学性质[14]。

①比表面积和表面张力特别大。平均粒径为 10～100nm 的纳米粒子的比表面积为 70～10 m^2/g。表面张力大，以至于会对纳米粒子内部产生很高的压力，可与地球内部的压力相比拟，造成纳米材料内部的原子间距比块材小。

②熔点降低。可以在较低温度时烧结和熔融。例如块体铅的熔点为 327℃，而 20nm 球形铅纳米微粒的熔点降低为 15℃，块体金的熔点是 1064℃，但粒径为 2nm 的纳米金则降低为 327℃。

③磁性的变化。粒径为 10～100nm 的纳米粒子一般处于单磁畴结构，矫顽力 H_c 增大，即使不磁化也是永久磁体。铁系合金纳米粒子的磁性比块体强的多。晶粒的纳米化可使一些抗磁性物质变为顺磁性，如金属锑（Sb）通常为抗磁性，其 $x = -1 \times 10^{-6}$ em μ/(Oe. g)，而纳米 Sb 的 $x = 20 \times 10^{-6}$ em μ/(Oe. g)，表现为顺磁性。纳米化后，还出现各种显著的磁效应、巨磁阻效应等。

④光学性质变化。半导体的纳米粒子的尺寸小于激子态（电子—空穴对）的玻尔半径（5～10nm）时，它的光吸收就发生各种各样的"蓝移"，改变纳米颗粒的尺寸就可以改变吸收光谱的波长。当黄金被细分到小于光波波长的尺寸时，即失去了原有的光泽而呈黑色。事实上，所有的金属在超微颗粒状态都呈现为黑色。尺寸越小，颜色愈黑，银白色的铂（白金）变成铂黑，金属铬变成铬黑。

⑤随着粒子的纳米化，超导临界温度 T_c 逐渐提高，离子导电性增加。研究表明，纳米氟化钙（CaF_2）的离子电导率比多晶粉末 CaF_2 高 1～0.8 个数量级，比单晶 CaF_2 高约两个数量级。

⑥低温热导性能好。某些纳米粒子在低温或超低温条件下几乎没有热阻，导热性能极好，

已成为新型低温热交换材料,如采用 70nm 银粉作为热交换材料,可使工作温度接近绝对零度(-273.15℃)。

⑦比热容增加。发现温度不变时,比热容随晶粒减小而线性增大,13nm 的钌(Ru)比块体 Ru 的比热容增加了 15%~20%。纳米铜的比热容是块体铜的 2 倍。

⑧化学反应活性提高。纳米材料随粒径减小,反应性能显著提高。可以发生多种化学反应。许多金属纳米材料室温下在空气中就会被强烈氧化而燃烧,即使是耐热、耐腐蚀的氮化物纳米材料也变得不稳定,如氮化钛(TiN)的平均粒径为 45nm 时,在空气中加热便燃烧成为白色的纳米二氧化钛。研究工作也证明,由于粒径减小反应活性显著提高,虽然碲(Te)粉不可以,但是 Te 纳米棒可以作为 Te 源与硼氢化钠(NaBH$_4$)反应制备强荧光性能的水溶性碲化镉(CdTe)量子点。

⑨纳米粒子比表面积大,表面活化中心多,催化效率高。纳米镍粉作为火箭固体燃料反应催化剂,燃烧效率可提高 100 倍。用纳米铂、银、氧化铁等作催化剂在高分子聚合物的有关催化反应中,可大大提高其催化效率。

⑩力学性能发生变化。常规情况下的软金属,当其粒径小于 50nm 时,位错源在通常应力下难以起作用,使得金属强度增大。陶瓷材料在通常情况下呈脆性,然而由纳米超微颗粒压制成的纳米陶瓷材料却具有良好的韧性。因为纳米材料具有大的界面,界面的原子排列是相当混乱的,原子在外力变形的条件下很容易发生迁移,因此表现出极佳的韧性与一定的延展性,使陶瓷材料具有新奇的力学性质。研究表明,人的牙齿之所以具有很高的强度,是因为它是由磷酸钙等纳米材料构成的。由粒径为 5~7nm 的纳米粒子制得的铜和钯纳米固体,其硬度和弹性强度比常规金属样品高出 5 倍。

1.3 纳米材料的制备方法

纳米材料的一系列特性对人们认识自然和发展新材料提供了新的机遇,目前纳米材料的研究与应用正向纵深发展,而其关键在于制备出符合要求的纳米材料,新的制备方法和工艺也将促进纳米材料及纳米科技的发展。有关纳米材料的制备方法有很多,其分类也各不相同,如分为干法和湿法、粉碎法和造粒法、物理方法和化学方法等。制备纳米粒子中最基本的原理,应分成两种类型,一是如何将大块的固体分裂成纳米粒子,二是如何在形成颗粒时控制粒子的生长,使其维持在纳米尺寸。由于在制备方法中既有化学过程,也有物理过程,互相交叉,本书按原始物质的状态进行分类介绍各种制备方法。

1.3.1 固相法

固相法[16-17]包括低温粉碎法、超声波粉碎法、机械合金法、爆炸法和高温热分解法。低温粉碎法的缺点是粉碎时容易混入杂质和难以控制粒子的形状,粒子也容易团聚,所用原料须预先制成粗粉。超声波粉碎法操作简单安全,对脆性金属化合物比较有效,可以制备粒度为 0.5μm 的钨(W)、碳化硅(SiC)、碳化钛(TiC)等超微粉末。机械合金化法于 1988 年由日本京都大学的 Shingn 等人首先报道,该法不需要昂贵的设备,工艺简单,近年来发展很快,并且用这种方法已经制得了多种纳米金属和合金。爆炸法是将金属或化合物与火药混在一起,放入容器内,经过高压电点火使之爆炸,在瞬间的高温高压下形成微粒,用此法制备了铜(Cu)、钼(Mo)、钛(Ti)、钨(W)、镍铁(Fe-Ni)超微粉。固相物质热分解法通常是利用金属盐类或氢氧化物的热分解来制备超微粒,但完成固相反应需要较长时间的煅烧或通过提高温度来加快反应的速率。

1.3.2 液相法

由溶液制备纳米微粒的方法已被广泛的应用，其优点是容易控制成核、可添加微量成分、组分均匀，并可得到高纯度的纳米复合氧化物。

(1) 水解法[18]

水解法是利用金属盐在酸性溶液中被强迫水解产生均匀分散的纳米微粒。该方法要求必须严格控制实验条件，条件的微小变化都会导致所得粒子的形貌和大小有很大的变化。这些条件包括：金属离子浓度、酸浓度、温度、陈化时间和阴离子的影响等。

(2) 溶剂蒸发和喷雾热分解法[19]

沉淀法所得到的沉淀一般要水洗、过滤，对于制备纳米粒子会带来很多麻烦，为此发展了溶剂蒸发法。用此法可制备出一系列尖晶石型、钙钛矿型和橄榄石型的复合氧化物超微粉末。喷雾热分解法先以水—乙醇或其他溶剂将原料配制成溶液，通过喷雾装置将反应液雾化并导入反应器，在其中溶液迅速挥发，反应物发生热分解，或者同时发生燃烧和其他化学反应，生成与起始反应物完全不同的具有新化学组成的无机物纳米粒子。溶液浓度、反应温度、喷雾液流量、雾化条件、雾滴粒径等条件都会影响到粉末的性能。该法的优点在于：①所得纳米粒子组分均匀；②可精确控制所合成化合物的组成；③所制得的纳米粒子表观密度小，比表面积大，粉体烧结性能好；④操作过程简单，反应一次完成，并且可连续进行。在制备过程中，溶液浓度、反应温度、喷雾液流量、雾化条件、雾滴粒径等都影响所制备粉末的性能。

(3) 醇盐法[20]

醇盐法是指利用金属醇盐来制备超微粉末。金属醇盐是金属与醇反应而生成的含 M—O—C 键的金属有机化合物，其通式为 M(OR)。醇盐法的特点是可以获得高纯度、组分精确均匀、粒度细而分布范围窄的超微粉末。

(4) 沉淀法[21-22]

沉淀法包括直接沉淀法、共沉淀法、均匀沉淀法和络合沉淀法。该方法是指把沉淀剂加入到金属盐溶液中，经过一定时间的反应后将沉淀热处理。直接沉淀法是仅用沉淀操作从溶液中制备氧化物纳米微粒的方法。共沉淀法是把沉淀剂加入到混合后的金属盐溶液中，促使各组分均匀混合沉淀，然后加热分解以获得超微粒子。这两种方法的缺点是沉淀剂加入时可能会使溶液的局部浓度过高，产生团聚或组成不均匀。而均匀沉淀法则通过控制生成沉淀剂的速度，可减少晶粒团聚，从而制得高纯度的纳米材料。络合沉淀法是在络合剂存在下，通过控制晶核的生长来制备纳米材料的方法。

(5) 微乳液法[23-24]

微乳液通常是指由水、表面活性剂、助表面活性剂(通常为醇类)、油类(通常为碳氢化合物)组成的透明的、各向同性、低黏度的热力学稳定体系。油包水(W/O)微乳液中反胶束中的"水池"或称液滴为纳米级空间，以此空间反应场所可合成 1~100nm 的纳米微粒，因此有人称其为反相胶束微反应器。微乳液法是利用在微乳液的液滴中的化学反应生成固体以制得所需的纳米粒子。可以通过控制微乳液液滴中水的体积及各种反应物的浓度来控制成核与生长，以获得各种粒径的单分散纳米粒子。在制备工艺流程中可通过控制反应物与表面活性剂的剂量之比、沉淀剂用量、pH 等条件来控制粒子的尺寸。用该法制备的颗粒具有不易团聚、大小可控、分散性好等优点，是制备纳米材料的又一有效技术。运用微乳液法制备的纳米半导体主要有硫化铜、硫化镉、硫化铅等。

（6）溶胶—凝胶法[25-26]

溶胶—凝胶法又称胶体化学法，是 20 世纪 60 年代发展起来的一种制备玻璃、陶瓷等无机材料的工艺，近年来被用来合成纳米微粒。作为低温条件下合成无机化合物或无机材料的一种重要方法，在软化学合成中占有重要地位。溶胶—凝胶法通常包括传统胶体型、无机聚合物型和络合物型三种类型。该方法的基本过程是：将水解原料分散在溶剂中，然后经过水解反应生成活性单体，活性单体进行聚合，开始成为溶胶，进而生成具有一定空间结构的凝胶，最后经过干燥和热处理来制备纳米粒子和所需材料。溶胶—凝胶法的优点是所制备粉末化学均匀性好、纯度高、颗粒细、可容纳不溶性成分或不沉淀成分，并可制备传统方法不能或难以制得的产物等优点。虽然该法得到了广泛的应用，但也存在缺点，如原料价格昂贵；有些原料为有机物，对健康有害；整个过程所需时间较长，常需几天或几周；干燥过程中又会逸出许多有毒气体及有机物，并产生收缩等。

（7）还原法[27-28]

溶液中的还原法包括化学还原法和电解还原法。化学还原法适用于从盐溶液中利用还原反应来制备超微铜（Cu）、银（Ag）、金（Au）、铂（Pt）以及铁镍硼（Fe-Ni-B）非晶纳米材料。化学还原法包括水溶液还原法和多元醇还原法。水溶液还原法是指采用水合肼、葡萄糖、硼氢化钾（钠）等还原剂，在水溶液中制备超细金属粉末或非晶合金粉末，并利用高分子保护剂阻止颗粒团聚及减小晶粒尺寸。使用该法所获得的粒子具有分散性好，颗粒形状基本呈球形，过程也可控制等优点。多元醇法主要利用金属盐可溶于或悬浮于乙二醇（EG）、一缩二乙二醇（DEG）等醇中的性质，当加热到醇的沸点时，与多元醇发生还原反应，生成金属沉淀物，通过控制反应温度或引入外界成核剂，可得到纳米微粒。电解还原法可将铁（Fe）、钴（Co）、镍（Ni）等金属盐溶液电解析出超微粉，也可用汞齐法制备 10nm 左右的纳米粉末。

（8）γ 射线辐照法[29-30]

γ 射线辐照法是指通过 γ 射线辐照反应物溶液得到纳米微粒沉淀。其基本原理是水接受辐射后发生分解和激发：H_2O 在 γ 射线辐照下，生成 H_2、H_2O_2、H、OH、e_{aq}^-、H_3O^+、H_2O^*、HO_2 等活性离子，其中的 H 和 e_{aq}^- 活性粒子具有还原性。e_{aq}^- 的还原电位为 $-2.77eV$，具有很强的还原能力，可以还原除第一族和第二族之外的所有金属离子。加入异丙醇或异丁醇清除氧化性自由基 OH，水溶液中的 e_{aq}^- 即可以逐步把溶液中的金属离子还原为金属原子（或低价金属离子），然后新生成的金属原子聚集成核，形成胶体，从胶体再生长成纳米颗粒从溶液中沉淀出来。应用该法，可制得了一系列的金属、合金和氧化物纳米颗粒。辐射法具有可在常温常压或低温下操作、制备周期短且工艺简单、产物粒径小、分布窄且易受控制、产率高且后处理方便等优点。

（9）超声化学法[31-33]

超声化学法是利用超声空化能量来加速和控制化学反应，从而提高反应效率，引发新的化学反应。由于超声空化产生微观极热，持续时间又非常短，可产生非常态的化学变化。它不同于传统的光化学、热化学及电化学过程。在空泡崩溃闭合时，泡内的气体或蒸气被压缩而产生高温及局部高压并伴随发光、冲击波。利用超声空化原理，可以为化学反应创造一个独特的反应条件。应用本法已合成出无定形铁和非晶态铁。

（10）冷冻干燥法

冷冻干燥法是先使欲干燥的溶液喷雾冷冻，然后在低温、低压下真空干燥，将溶剂直接升华除去后得到纳米粒子。采用冷冻干燥法时首先选择好起始金属盐溶液，其原则是：①所需组分能溶于水或其他适当的溶剂，除了溶液，也可使用胶体；②不易在过冷状态下形成玻璃态；一旦出现玻璃态就无法实现冰的升华；③有利于喷雾；④热分解温度适当。该方法的优点在于：①能在溶液状态获得组分均匀的混合液，适合于微量组分的添加，能有效地合成复杂的功能陶瓷材料纳米粒子；②制得的纳米粒子一般为 $10 \sim 50nm$；③操作简单，特别有利于高纯陶瓷材料的制备。

1.3.3 气相法

气相法在纳米微粒制备技术中占有重要地位。由气相制备纳米粒子主要有不伴随化学反应的蒸发-凝结法（PVD）和气相化学反应法（CVD）两大类。蒸发—凝结法是用电弧、高频或等离子体将原料加热使之气化或形成等离子体，然后骤然冷却，使之凝结成超微粉，粒径的大小可采取通入惰性气体或改变压力的办法来控制。利用气相法可制备出纯度高、颗粒分散好、粒径分布窄的纳米超微粒，尤其是通过控制反应气氛，可制备出液相法难以制备的金属、碳化物、氮化物及硼化物等非氧化物纳米超微粒。

（1）真空蒸发法[34]

真空蒸发法是用电弧、高频、激光或等离子体等手段加热原料，使之气化或形成等离子体，然后骤冷，使其凝结成纳米微粒。利用此法可制备纯度较高的完整晶体颗粒，其粒径大小可通过改变惰性气体种类、压力、蒸发速率等条件来加以控制。然而，该法存在着最佳工艺条件选择的问题，颗粒的结晶形貌还难以控制。用该法所得样品具有粒径小、粒度分布窄，不易团聚的优点。

（2）等离子体法[35-36]

等离子体法的基本原理是将物质注入约 10^4K 的超高温中，此时多数反应物和生成物成为离子或原子状态，然后使其急剧冷却，获得很高的过饱和度，从而制得与通常条件下的形状完全不同的纳米粒子。以等离子体作为连续反应器制备纳米粒子可分为等离子体蒸发法、反应性等离子体蒸发和等离子体 CVD 三种方法。此法具有所制备样品纯度高、可使用非惰性气体作为反应气体的优点，不仅可用来制备金属纳米颗粒，也可用来制备化合物纳米颗粒。

（3）化学气相沉积法[37-38]

化学气相沉积法也叫气相化学反应法。该法是利用挥发性金属化合物蒸气之间的化学反应来合成所需物质的方法。在气相化学反应中有单一化合物的热分解反应或两种以上的单质或化合物的反应。气相中颗粒的形成是在气相条件下的均匀成核及其生长的结果。为了获得纳米微粒，就必须产生更多的核；而成核速度与过饱和度有关，因此必须有较高的过饱和度。用气相化学反应生成的微粒有单晶和多晶，即使在同一反应体系中，由于条件的不同，可能生成单晶粒子也可能形成多晶粒子，多晶粒子的外形通常呈球形。由于各晶面的生长速度不同，纳米粒子具有各向异性，但在合成时过饱和度很大时，则难以形成各向异性的较大晶体。

该法的特点是：①所得超微粉末纯度高；②生成的微粒分散性好；③通过控制反应条件易获得粒径分布狭窄的纳米粒子；④有利于合成高熔点无机化合物超微粉末；⑤改变介质气体，可直接合成有一般方法难以制备的金属、氮化物、碳化物和硼化物等非氧化合物。另外，CVD 技术更多的应用于陶瓷超微粉的制备，如氮化铝（AlN）、氮化硅（SiN）和碳化硅（SiC），其中原材料为气体或易于气化、沸点低的金属化合物。

（4）激光气相合成法[39-40]

激光气相合成法在 20 世纪 80 年代初由美国的 Haggery 等人首先提出的。该法是利用定向高能激光器光束制备纳米粒子，包括激光蒸发法、激光溅射法和激光诱导化学气相沉积

(LICVD)。前两种方法主要是物理过程，而 LICVD 的基本原理是利用反应气体分子(或光敏剂分子)对特定波长激光的吸收，引起反应气体分子激光光解(紫外光解或红外多光子光解)、激光热解、激光光敏化和激光诱导化学合成反应，在一定工艺条件下(激光功率密度、反应池压力、反应气体配比和流速、反应温度等)，获得超细粒子空间成核和生长。LICVD 法已制备出多种单质、无机化合物和复合材料超细微粉，并且已进入规模生产阶段。

激光气相合成法有如下特点：①反应器壁为冷壁，为制粉过程带来一系列好处；②反应区体积小而形状规则、可控；③反应区流场和温场可在同一平面，比较均匀，梯度小，可控，使得几乎所有的反应物气体分子经历相似的加热过程；④粒子从成核、长大到中止能同步进行，且反应时间短，在 1~3s 内，易于控制；⑤气相反应是一个快速冷凝过程，冷却速率可达 $10^5~10^6℃/s$，有可能获得新的纳米材料；⑥能方便地一步获得最后产品。目前，用该法已合成出一批具有粒径小、不易团聚、粒径尺寸分布窄等优点的超细粉，产率也高，是一种可行的具有工业化应用前景的方法。

1.3.4 水热溶剂热法

水热合成是指在特制的密闭反应容器(高压釜)中，以水溶液作为反应介质，在一定的温度(30~1000℃)和水的自生压强(1~100MPa)下而进行无机合成与材料制备的一种方法[41-42]。水热法最初由地质学家和矿物学家模拟地层下的水热条件研究某些矿物和岩石形成的原因，在实验室里进行仿地下水热合成时产生的[43-44]。早期的水热研究对象主要局限于对各种岩石或矿物的研究[45]。1900 年，Spezia 以自然晶体为晶籽，通过水热合成成功地获得了长达 5mm 的第一个人工水晶，这被认为是水热合成史上最重要的成就之一[46]。在此期间，高压釜被用来代替玻璃封管以避免高压环境下的爆炸。Morey 则将耐腐蚀和热稳定的合金引入高压釜中，这逐渐演变成现代高压釜的雏形[47]。

水热合成的特点是由于反应体系一般处于非理想非平衡状态，因此需要应用非平衡热力学研究水热合成化学问题。在水热法中，由于处于高温、高压状态，水处于临界或超临界状态，反应活性提高。水在合成反应中起到两个作用：压力的传媒剂和化学反应的介质。高压下，绝大多数反应物均能完全(或部分)溶解于水，可使反应在接近均相中进行，从而加快反应的进行。水热法的优点有：①水热法采用中温液相控制，能耗相对较低，适用性广，既可用于纳米颗粒的制备，也可得到尺寸较大的单晶，还可以制备无机陶瓷薄膜；②原料相对廉价易得，反应在液相快速对流中进行，产率高、物相均匀、纯度高、结晶良好，在表面活性剂等形貌控制剂的辅助下，目标产物的形状、大小可控；③在水热过程中，可通过调节反应温度、压力、热处理时间、溶液成分、pH、前驱物和矿化剂的种类等因素，来达到有效地控制反应和晶体生长的目的；④反应在密闭的容器中进行，可通过控制反应气氛而形成合适的氧化还原反应条件，进而获得某些特殊的物相，尤其有利于有毒体系中的合成反应，这样可以尽可能地减少环境污染。但是水热法也有其严重的局限性，最明显的一个缺点就是，该法往往只适用于氧化物或少数对水不敏感的硫化物的制备，而对其他一些对水敏感的化合物(如 III-V 族半导体，新型磷或砷酸盐分子筛骨架结构材料)的制备就不适用，促使材料学家发展出溶剂热合成技术。

溶剂热合成技术在原理上与水热合成相似，以非水溶剂代替水，大大拓宽了水热法的应用范围，是水热法的拓展。非水溶剂同时也起到传递压力、媒介和矿化剂的作用。与其他合成方法相比，溶剂热合成法具有如下优点：①由于反应在非水溶剂中进行，能够提供一个近似无氧、无水的反应环境，适合对水、氧敏感的高纯度物质的制备；②在非水溶剂中，反应物可能具有很高的反应活性，这可以用来代替固相反应，实现这些物质的软化学合成。有时这种方法可以获得具有有趣的光学、电学和磁学性能的亚稳相；③由于非水溶剂的低沸点，在同样的实验条件下，它们可以达到比水热合成更高的气压，从而有利于产物的结晶；④由于较低的反应温度，反应物里构筑单元可以保留到产物中，而不受破坏。同时，非水溶剂的官能团可以和反应物或产物发生作用，生成某些新兴的在催化和储能方面具有潜在应用的纳米材料。

由于上述优点，水热溶剂热法已被国内外的科研工作者应用于各种纳米复合材料的制备，如贵金属、氧化物、硫化物、金刚石、高聚物、碳等纳米复合材料。早在 1985 年，通过溶剂热合成技术，Bibby 等人在乙二醇和丙醇体系中成功合成出沸石分子筛[48]。Masashi Inoue 在乙二醇体系中对勃姆石进行热加压脱水处理，合成出 α-三氧化二铝（α - Al_2O_3）微粉[49]。Heath 等在一种烷烃体系中溶剂热合成了锗（Ge）纳米线[50]。徐如人等利用溶剂热合成技术合成出一系列在水热法中无法合成的新型三维骨架状磷酸盐分子筛[51-52]。谢毅等人采用苯热体系，首次在 280℃ 的低温下，以三氯化镓（$GaCl_3$）和氮化锂（Li_3N）为原料成功地合成出 30nm 的氮化镓（GaN）纳米晶[53]。高分辨电镜照片表明，除了大部分六方相外，还含有少量仅在 37 万大气压以上超高压下才出现的岩盐型亚稳相 GaN。李亚栋等人在有机溶剂中用催化热解法（700℃），从四氯化碳（CCl_4）制得金刚石纳米粉[54]。值得指出的是，上述每一条水热溶剂热路线，仅可应用在一种或几种材料的合成上，不具备普适性。与其他方法相比，最终产物形貌的均一性、单分散性较差。为了解决上述问题，李亚栋等人将溶剂热法与液体—固体—溶液界面间的相转移与相分离机理(LSS 机理)相结合，发展了一种普适的方法，合成的目标产物具备单分散性好、尺寸均一、易分散在有机溶剂的特点[55]。该方法已被成功应用在贵金属、氧化物、磁性材料、稀土荧光材料、量子点及高聚物等的制备，已被证明是一条普适、高效的方法。

1.3.5 超声雾化热解法

气溶胶高温热解法，又称为"喷射热解技术"，早在 1944 年，Foex 等人就用于制备透明半导体氧化物薄膜，如三氧化二铟、二氧化锡等[56]。早期的雾化热解法只是通过气流使溶液雾化，存在许多弊端：如雾化效率低，雾化颗粒尺寸难以控制。为了提高雾化系统的效率，获得雾滴尺寸均匀的气溶胶，相关科研人员做了大量的改进。1971 年，法国 Grenoble Nuclear 研究中心的 CENG 研究组将超声波技术应用到雾化系统中，申请专利名为"高温溶胶技术"[57]。这种技术的创新性和优势在于引入了超声技术，使得雾滴尺寸范围分布窄。Viverito 和 Blandenet 等人先后对雾化系统进行了改进，缩小了雾化液滴的尺寸及分布范围，提高了雾化效率，使这种传统的技术得到了更广泛的应用[58-60]，尤其是在高质量透明半导体氧化物薄膜领域取得了显著成就。CENG 与德国 LMGP 研究室合作，共同开发超声雾化热解技术在各领域的应用，并于 1988 年制备出钇钡铜氧（$YBa_2Cu_3O_{7-x}$）超导薄膜。

超声波是一种机械波，频率范围在 $20 \sim 10^6$ kHz，波速一般为 1500m/s，波长为 0.01 ~ 10cm。由于超声波的波长远大于分子的尺寸，超声波本身不能直接对分子产生作用，而是通过对分子周围环境的物理、化学作用而影响分子，即通过超声空化能量来加速和控制化学反应，提高反应速度，引发新的化学反应。超声空化作用是指存在于液体中的微小气泡，在声场作用下振动、生长扩大和收缩、崩溃的动力学过程[61]。当超声波作用于液体时，液体中的微气泡迅速成核、生长、振动，当声压力足够大时，气泡会猛烈崩溃。气泡崩溃时将产生高速微射流、冲击波，这些微射流、冲击波可以使气泡周围的液体雾化产生很多直径在微米尺度的球形雾滴。超声雾化过程中，雾化量和雾滴直径与声强和液体的物理性质(蒸汽压、黏性和表面张力等)存在一定的关系。理论分析表明，球形雾滴的直径 D_d 与液体的表面张力、液体的密度及超声波频率之间的关系如式(1-1)所示[62]：

$$D_d = 0.34(8\pi\gamma/\rho f^2)^{1/3} \tag{1-1}$$

式中，D_d 为球形雾滴的直径，m；γ 为液体的表面张力，N/m；ρ 为液体的密度，kg/m³；f 为超声波的频率，MHz。由式(1-1)可知，当前驱体溶液、超声波频率均一定时，雾化产生的球形雾滴的尺寸也是一定的。例如，当雾化水的时候，频率为 3~70kHz 时，最可能的雾化颗粒半径在 2~30μm。

除了在高质量透明半导体氧化物薄膜领域取得了进展，超声雾化高温热解法还被成功应用在球形纳米材料的制备。超声雾化高温热解法的装置、形成机理如图 1-1 所示[63]。整个装置由超声雾化器、管式炉、收集器三部分组成。通过超声雾化前驱体溶液，将生成微米级尺寸的球形液滴，在管式炉内，液滴内的溶剂挥发导致体积缩小，与此同时，前驱体将会发生化学反应生成纳米材料。由于每个液滴都是一个独立的微反应器，因此，最终产物的形貌基本上都保持球形(多孔、中空或实心)。早在 1988 年，清华大学的戴遐明等人就采用超声雾化高温热解法制备了氧化锆、氧化铝等氧化物陶瓷超细粉末。美国的 Suslick Kenneth S 的研究组进一步发展了此方法，合成了多种形貌(实心微球、空心微球、介孔微球等)，多种材料(氧化物、硫化物、量子点、碳等)[64-68]。

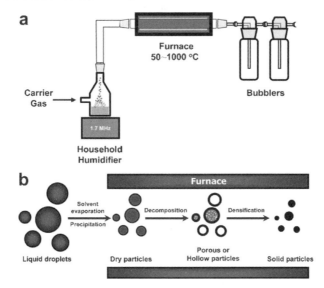

图 1-1 超声雾化高温热解法的装置示意图、合成机理及目标产物[63]

以球形碳材料的合成为例，其形成过程简单描述如下：①以非芳香类羧酸碱金属盐或卤代苯酸碱金属盐的水溶液为前驱体，通过超声雾化器雾化成微米级液滴。②在惰性气体的载送下，输送到已加热到一定温度的管式炉内。每个单独的液滴都是独立的微反应器。随着溶剂的挥发，碳氢化合物的碳化，最终得到球形产物(包括碳及碱金属的卤化物、碳化物等水溶性副产物)和二氧化碳气体。③惰性气体的输送下，在盛满水的收集器中收集。由于水溶性副产物被水溶掉，因此得到球形碳材料。且通过选择不同的碳源，可以得到不同形貌的球形碳材料[64-66]。综上所述，超声雾化高温热解法具备以下优点：一步、快速、可连续化、规模化生产。因此，其在工业、实验室研究有着广泛的应用。

1.4 纳米材料的应用

根据本书中所涉及的纳米材料的应用前景，主要集中在信息显示领域、能源领域以及木材改性功能化三个领域。

1.4.1 信息显示领域

电子纸是一种超薄、超轻的显示屏，外形与普通纸张十分类似，可以像报纸一样被折叠，视觉效果也与普通纸张相似。由于电子纸具有低功耗、良好的可视性、可重复使用、柔性显示、造价低廉、易于实现大面积显示、节约能源、无电磁辐射等优点，被认为是纸张的未来替代品。电子纸的实现方式多种多样，如具有双稳态的液晶，微胶囊化液晶，施乐公司开发的双色球、磁电泳显示器，E-ink 公司开发的微胶囊化电泳显示技术等。其中最重要的一种方法是，利用印刷技术将一种叫做"电子墨水"的复杂液体涂覆在柔性基材上制备电子纸。电子墨水是美国麻省理工学院媒体实验室于 2001 年提出的，是一种墨水状的悬浮物，在不同极性电压下，呈现出不同的稳定状态，可以实现可逆、双稳态、柔性显示[68-69]。

在诸多的电子纸实现方式中，电泳显示是目前较为成熟的一种方式，其显示机理如图 1-2 所示，当施加正电压时，带负电荷的白色电泳颗粒将向上运动，带正电荷的黑色电泳颗粒则向下运动，此时在观察者看来显示白色状态；反之，施加负电时，则显示黑色状态。其中电泳颗粒需要满足如下条件：①为减少颗粒的聚沉或悬浮，密度应与电泳液密度接近；②在电泳液中应具有低溶解度、无溶胀性及化学稳定性；③颗粒应具有良好的光学性能和高折射率、高散射系数和低吸收系数，即有一定的颜色、高明亮度、不透明性。例如，二氧化钛/高聚物核壳结构纳米复合材料的出现，解决了电泳显示器中二氧化钛白色电泳颗粒密度与电泳液密度不匹配的问题，已被成功应用于电泳显示器中。内部分散苏丹黑颜料的高聚物微球的出现，也成功解决了黑色电泳颗粒在电泳液中的分散性和稳定性的问题。

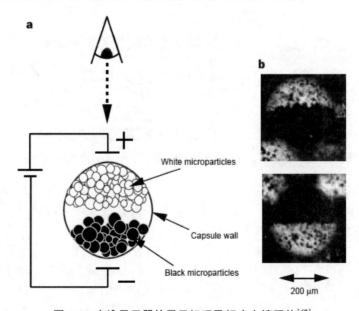

图 1-2 电泳显示器的显示机理及相应电镜照片[69]

1.4.2　能源领域

锂离子电池是继镉镍、金属氢化物镍电池之后的新一代蓄电池，1990 年由日本 SONY 公司首先研制成功并实现商品化[70-72]。锂离子电池的充放电机理如图 1-3 所示[73]。由于锂离子电池具有电压高、比能量高、无记忆效应、无环境污染等特点，尤其与铅蓄电池相比，其循环寿命长、安全性能好。因此，自问世以来，已广泛应用于手机、笔记本电脑、小型摄像机等便携式电子设备中。作为电源更新换代产品，还在电动汽车、区域电子综合信息系统、卫星及航天等地面与空间军事领域得到广泛应用[74-77]。为了满足世界范围内对能源转化和储备日益增长的需求，目前大量的研究工作集中在新的材料概念及其多样化的合成方法。在电极材料方面的突

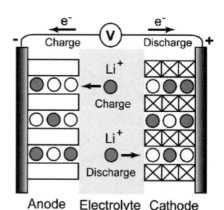

图 1-3　锂离子电池的充放电示意图[73]

破是下一代锂离子电池成功开发的关键正逐步被广泛接受，这必将推动锂离子电池技术在便携式电子设备、清洁能源储备、混合动力汽车等领域的加速发展。

金属锂具有最负的标准电极电位。利用锂做负极，可以制得高工作电压的电池。然而，当应用于二次电池时，却不一定能得到这样的结果。这是因为在充电过程中，锂晶体在负极表面形成了树枝状或苔状的结构。在充电过程中这种结构会导致短路，从而造成火灾或爆炸。锂离子电池的成功商品化主要归功于用嵌锂化合物代替金属锂负极。理想的负极材料应具备以下条件：①具有良好的充放电可逆性和循环寿命；②第一次不可逆容量较小；③与电解质溶剂相容性好；④较高的比容量；⑤安全、无污染；⑥资源丰富，价格低廉等。

总的说来，负极材料主要有碳基材料、硅基材料、锡基材料等。碳做负极材料，在电极充电时，碳材料促进了锂进入碳的内部，同时在电极放电时，也可逆地将锂释放出来，经电解质溶液嵌入到正极材料中，这就避免了充电过程中产生的枝晶结构。碳负极材料的缺点是，较之锂电极而言其放电容量小。石墨材料的理论比容量为 372mA·h/g，仅为金属锂理论放电容量的 1/10。金属单质锡由于可以与锂形成 $Li_{4.4}Sn$ 合金，其可逆放电容量可达到 992mA·h/g，几乎是碳负极材料理论容量（372mA·h/g）的 3 倍，因此引起了众多研究工作者的兴趣。然而，金属锡与锂在合金化/去合金化过程中，引起了体积的膨胀和收缩，当锂嵌入时，其体积可以膨胀 259%[78]。这种体积变化导致了锡基负极材料的粉化，使贮锂容量迅速降低，从而降低了锂离子电池的循环寿命。为了提高锡基负极材料的循环寿命，常将金属锡与其他具有高离子性和导电性的物质相复合，以便减小体积变化所带来的影响。分散在碳基质中的锡纳米复合材料和包埋在碳中空球的锡纳米颗粒复合材料[79]，是两类已被证明的具有高容量和优异循环性能的锂离子电池负极材料。例如，中国科学院化学研究所的万立俊等人成功研制出一种具有优异循环性能的高容量锂离子电池负极材料[79]。该课题组通过设计预留空腔的复合结构，成功地把多个 Sn 纳米颗粒填到碳空心球中。该锡—碳纳米复合材料中含有一定体积的空腔，使得嵌 Li 体积膨胀后的 $Li_{4.4}Sn$ 合金也可以被容纳在 C 空心球中，解决了锡基锂离子电池负极材料在充放电过程由于体积变化所导致的负极材料粉化的问题，极大地改善了电极材料的循环性能。电池测试结果表明，100 次充放电循环后，该复合材料仍具有高达 550mA·h/g 的比容量，为目前广泛使用的石墨负极材料理论比容量的 1.5 倍。

1.4.3 木材领域

木材是应用范围最广泛、历史最悠久的一种天然生物质复合材料，是由40%～55%的纤维素、15%～25%的半纤维素和20%～30%的木质素为主要成分构成的天然复合材料。当木材在室外使用时，在水、太阳光和微生物等因素的协同作用下，逐渐发生自然老化，老化一般均从表面开始，逐渐向内部发展。其中水和太阳光中的紫外线是两个重要影响因素[80]。一方面，随着环境中水含量的变化木材可吸收或释放大量的水，从而造成木材干缩湿胀，产生内应力，发生翘曲、变形和开裂；另一方面，由于木材表面(深度约为0.05～2.5mm)中的木质素、纤维素强烈吸收太阳光中的紫外线，经过自由基诱导降解反应而被分解。此外，上述降解产物在雨水和露水的冲刷下非常容易从木材中流失，进一步加剧木材的变形、开裂和变色，最终导致了木材失去原有的利用价值[81]。例如，当未经保护的木材暴露室外一个月时，其中60%的木质素将被降解掉[82]。因此，为了保护木材免受室外气候的影响，扩大木材在户外的使用范围，延长其使用寿命，对木材及制品的表面进行超疏水和防紫外线处理至关重要。随着纳米材料与纳米科技的发展，将具有优异防紫外性能的二氧化钛等无机纳米材料构筑在木竹材料表面，使其表面粗糙化，再辅以低表面能物质，可赋予木材一定的防紫外性能和超疏水性，进而提高其耐候性[83]，称之为耐候木。

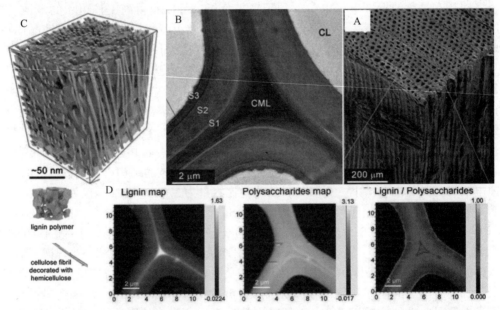

图1-4 A是木材分级多孔结构的SEM，B是木材细胞壁的TEM，C是S2层的木质纤维素的纳米尺度构造示意图[84]和D是S2层中的木质素、纤维素分布示意图[85]

根据木材的结构特点，也可以将木材看成是木质素/半纤维素等胶黏物质填充在三维分级多孔纤维素骨架内，形成木材的分级多孔结构[84]。由图1-4中A可知，树木生长过程中，木材细胞形成了高度有序、相互连接的分级多孔结构。如图1-4中B所示，木材细胞壁通常分为两个主要组成部分：次生细胞壁(分为S1、S2、S3层)，复合胞间层(CML，包括初生细胞壁和胞间层)。木材的纤维素和半纤维素胶结在一起形成纤维素骨架，而木质素填充其中起胶黏增强作用，如图1-4中C[84]。主要分布在S2层和复合胞间层的木质素，如图1-4中D还强烈吸收可见光，约占木材总吸收光的80%～95%[85]。因此，完整保留纤维素骨架的同时尽可能多的去除木质素，可抑制光吸收、为功能型纳米材料和聚合物的无间隙灌注提供通道，是研制功能型木质复合材料的关键。利用木材特有的化学和分级多孔结构对木材进行改性，达到增值、改性、功能化的目的。将具有光催化活性的纳米材料负载在木材表面和分级多孔结构内部，理论上可以光催化降解水中的染料、抗生素、农药等有机污染物；利用木材分级多孔结构可以输送水的特性，将碳等光热转化材料负载表面，可构建出太阳能蒸汽发生装置，达到纯化水目的，称之为净水木[86-87]。

木材虽然具有质轻、隔热、可再生的优点，但不透光。不透光的原因在于木材的主要成分木质素对可见光的吸收及分级多孔结构对光的散射。通过去除木材中的木质素且仍保留木材原有的纤维素骨架，然后在骨架内填充与纤维素折射率匹配聚合物，就可以得到可透光可见光的木材，称之为透明木[88]。

1.4.4 其他领域

（1）环境领域

多孔碳材料由于其巨大的比表面积和优异的吸附性能，在废水处理中作为吸附分离材料而具有广泛的应用。但由于碳材料表面易繁殖微生物而造成污染，因而应用于饮用水处理时不但要求这种多孔碳材料有优异的吸附性能，而且应当具有抗菌性能。银—碳或二氧化钛—碳纳米复合材料具有很好的抑菌作用，其效果接近于胶体银或二氧化钛沉积在多孔碳表面的作用，可做长效抗菌剂[89-90]。

（2）催化剂领域

纳米材料由于尺寸小，表面所占的体积百分数大，表面的键态和电子态与颗粒内部不同，表面原子配位不全等导致表面的活性位置增加，这就使它具备了作为催化剂的基本条件。最近，有关纳米微粒表面形态的研究指出，随着粒径的减小，表面光滑程度变差，形成了凸凹不平的原子台阶，从而增加了化学反应的接触面。有人预计，纳米催化剂在21世纪很可能成为催化反应的主角[91-92]。例如，碳载贵金属加氢催化剂广泛地用于液相加氢、脱氢等有机合成工业，但由于催化剂不易分离，容易造成催化剂流失。碳包覆磁性金属纳米复合材料，作为一种新型的催化剂载体，提供了一种用于催化剂的分离、回收及再利用的新方法——磁性分离。通过施加一个适当的外加磁场，可以将催化剂有效地从反应体系中分离出来。

参考文献

[1] 张立德，牟季美. 纳米材料和纳米结构[M]. 北京：科学出版社，2001.

[2] Henglein A. Small-particle research: physicochemical properties of extremely small colloidal metal and semiconductor particles[J]. Chemical Reviews, 1989, 89: 1861-1873.

[3] Kroto H, Heath J, O'Brien S, et al., C60: Buck minster fullerene. Nature, 1985, 318: 162-163

[4] 李新勇，李树本. 纳米半导体研究进展[J]. 化学进展，1996, 8(3): 231-239.

[5] Gleiter H. Nanocrystalline materials [J]. Progress in Materials Science, 1987, 33 (4): 223-315.

[6] Thomas G, Siegel R, Eastman J. Grain boundaries in nanophase palladium: High resolution electron microscopy and image simulation[J]. Scripta Metallurgica et Materialia, 1990, 24: 201-206.

[7] Wunderlich W, Ishida Y, Maurer R. HREM-studies of the microstructure of nanocrystalline palladium[J]. Scripta Metallurgica et Materialia, 1990, 24: 403-408.

[8] Li D, Ping D, Ye H, et al. HREM study of the microstructure in nanocrystalline materials[J]. Materials letters, 1993, 18: 29-34.

[9] Stadnik Z, Griesbach P, et al. Ni61 Mössbauer study of the hyperfine magnetic field near the Ni surface [J].

Physical Review B, 1987, 35: 6588.

[10] Hagfeidt A, Gratzel M. Light-induced redox reactions in nanocrystalline systems[J]. Chemical Reviews, 1995, 95: 49.

[11] Klabunde K, Stark J, Koper O, et al. Nanocrystals as stoichiometric reagents with unique surface chemistry[J]. Journal of Physical Chemistry, 1996, 100: 12142.

[12] Weller H, Eychmuler A. Advances in Photochemistry, New York, John Wiley & Sons. Inc. 1995(20).

[13] Wang Y, Herron N. Nanometer-sized semiconductor clusters: materials synthesis, quantum size effects, and photophysical properties[J]. Journal of Physical Chemistry, 1991, 95(2): 525-532.

[14] 徐如人, 庞文琴. 无机合成与制备化学[M]. 北京: 高等教育出版社, 2001.

[15] Ball P, Garwin L. Science at the atomic scale[J]. Nature, 1992, 355: 762.

[16] 陈鹏万, 恽寿榕. 爆轰合成超细金刚石的性质及应用[J]. 超硬材料与工程, 1997(03): 1-5.

[17] 洪广言, 李红云. 热分解法制备希土氧化物超微粉末[J]. 无机化学学报, 1991, 7(2): 241.

[18] 景宵燕, 洪广言, 李有谟. Y_2O_3 稳定的 ZrO_2 超微粉末的合成与结构研究[J]. 中国稀土学报, 1989, 10 (4): 44.

[19] Messing G, Zhang S, Jayanthi G. Ceramic powder synthesis by spray pyrolysis[J]. Journal of the American Chemical Society, 1993, 76 (11): 2707.

[20] 景宵燕, 洪广言, 等. 醇盐法制备稀土化 合物超微粉末[J]. 应用化学, 1990, 7 (2): 542.

[21] 于德才, 洪广言, 等. 共沉淀法制备铝酸镧超微粉末的研究[J]. 中国稀土学报, 1992, 10 (1): 44.

[22] 肖良质, 王德军, 等. 链状超微碳酸钙的合成机理与热稳定性研究[J]. 精细化工, 1989, 6 (5): 6.

[23] Pileni M. Syntheses of copper nanoparticles in gelified[J]. Advance in Colloid and Interface Science, 1993, 46: 139.

[24] Han M, Huang W, Chew C, et al. Large nonlinear absorption in coated Ag_2S/CdS nanoparticles by inverse microemulsion[J], Journal of Physical Chemistry. B, 1998, 102(11): 1884-1887.

[25] Lackey W, Blanco R, Lotts A. Application of Sol-Gel Technology to Fixation of Nuclear Reactor Waste[J], Nuclear Technology, 1980, 49(2): 321-324.

[26] Chatterjee A, Chakravorty D. Electrical conductivity of sol-gel derived metal nanoparticles[J], Journal of materials science, 1992, 27: 4115-4119.

[27] 沈俭一, 等. 诱导自催化法制 Ni-P 超细非晶合金的动力学研究[J]. 化学学报, 1994, 52: 858.

[28] Fievet M. Controlled nucleation and growth of micrometre-size copper particles prepared by the polyol process [J]. Journal of Materials Chemistry, 1993, 9: 627.

[29] Zhu Y, Qian Y, et al. Preparation of nanometer-size selenium powders of uniform particle size by γ-irradiation [J]. Materials letters, 1996, 28: 119.

[30] Zhu Y, Qian Y, et al. Preparation of ultrafine tellurium powders by the γ-radiation method at room temperature [J]. Journal of materials science letters, 1996, 15: 1700.

[31] Suslick K, Choe S, Cichowals A, et al. Ultrasonic destruction of phenol and substituted phenols: A review of current research[J]. Physics today, 1991, 44: 17.

[32] Suslick K, Choe S, Cichowals A, et al. Sonochemical synthesis of amorphous iron [J]. Nature, 1991, 353: 414-416.

[33] 林金谷, 邹炳锁, 王玥菊, 等. 用超声化学方法产生超细非晶态铁微粒[J]. 科学通报, 1995, 40: 1370-1373.

[34] Birringer R, Gleiter H, et al. Nanocrystalline materials an approach to a novel solid structure with gas-like disorder[J]. Physics Letters, 1984, 102A: 365.

[35] Vlssokov G. Plasma chemical technology for high dispersion products[J]. Journal of materials science, 1988, 23: 2415.

[36] 杨修春, 丁子上, 等离子体法制备 SiC 超细粉的研究进展[J]. 材料学报, 1996, 2: 34-37.

[37] 李春忠, 胡黎明, 陈敏恒, 等. 化学气相沉积技术合成氮化铝超细粉末[J]. 硅酸盐学报, 1993, 21: 93.

[38] 梁博. 化学气相沉积法制备 SiC 纳米粉[J]. 无机材料学报, 1996, 11: 441.

[39] 隋同波. 激光法合成 SiC 粉物理化学过程的研究——I 实验规律及粉末特性[J]. 硅酸盐学报, 1993, 21: 33.

[40] 蔺思惠, 李新勇, 郭跃华, 等. 激光气相合成氧化铁超细粉[J]。无机材料学报, 1996, 11: 157.

[41] Anthony R West. 固体化学及其应用[M]. 苏勉曾, 谢高阳, 申泮文, 等译. 上海: 复旦大学出版社, 1989.

[42] Rabenau A. The role of hydrothermal synthesis in preparative chemistry[J], Angew. Chem. Int. Ed. Engl., 1985, 24: 1026-1040.

[43] Morey G. Hydrothermal synthesis[J], J. Am. Ceram. Soc., 1953, 36: 279-285.

[44] Morey G, Ingerson E. The pneumatolitic alteration and synthesis of silicates[J], Econ. Geol., 1937, 32: 607-761.

[45] Morey G, Niggli P. The hydrothermal formation of silicates[J], J. Am. Chem. Soc., 1913, 35: 1086-1130.

[46] Spezia G. Sull Accresimento del quarzo[J]. Atti Accad Sci Torino, 1900, 35: 95-107.

[47] Morey G. New crystalline sillicates of potassium and sodium, their preparation and general properties[J], J. Am. Chem. Soc., 1914, 36: 215-230.

[48] Bibby D, Dale M. Synthesis of silica-sodalite from non-aqueous systems[J], Nature, 1985, 317: 157-158.

[49] Inoue M, Tanino H, Kondo Y, et al. Formation of microcrystalline alpha-alumina by glycothermal treatment of gibbsite[J], J. Am. Ceram. Soc., 1989, 72: 352-353.

[50] Heath J, Legoues F. A liquid solution synthesis of single crystal germanium quantum wires[J], Chem. Phys. Lett., 1993, 208: 263.

[51] Gao Q, Chippindale A, Cowley A, et al. The synthesis and characterization of a two-dimensional cobalt-zinc phosphate: $NM_4[Zn_{2-x}Co_x(PO_4)(HPO_4)]$ (x approximate to 0.12) [J], J. Phys. Chem. B, 1997, 101 (48): 9940-9942.

[52] Gao Q, Chen J, Xu R, et al. Synthesis and characterization of a family of amine-intercatalated lamellar aluminophosphates from alcoholic system[J], Chem. Mater., 1997, (9): 457-462.

[53] Xie Y, Qian Y, Wang W, et al. A benzene-thermal synthetic route to nanocrystalline GaN[J], Science, 1996, 272: 1926-1927.

[54] Li Y, Qian Y, et al.. A reduction-pyrolysis-catalysis of diamond[J], Science, 1998, 281: 246-247.

[55] Wang X, Zhuang J, Peng Q, et al. A general strategy for nanocrystal synthesis[J], Nature, 2005, (437): 121-124.

[56] M. Foex., Bull: Soc. Chim., 1944 (11): 6.

[57] Spitz J, Viguie J, French Patent 7038371. 1970.

[58] Viverito T, Rilee E, Slack L, Am. Ceram. Soc. Bull., 1975 (54): 217

[59] Viguie J, Spitz J. J. Electrochem. Soc. 1975 (122): 585

[60] Blandenet G, Court M, Lagarde Y. Thin layers deposited by the pyrosol process[J], Thin Solid Films, 1981, 77: 81-90.

[61] 肖锋, 叶建东, 王迎军. 超声技术在无机材料合成与制备中的应用[J]. 硅酸盐学报, 2002 (30): 61.

[62] Lang R. Ultrasonic atomization of liquids[J]. The Journal of the Acoustical Society of America, 1962, 34(1): 6-8

[63] Kodas T, Hampden-Smith M, Aerosol Processing of Materials, Wiley-VCH, New York, 1999.

[64] Suh W, Suslick K. Magnetic and porous nanospheres from ultrasonic spray pyrolysis[J]. J. Am. Chem. Soc., 2005, 127: 12007-12010.

[65] Skrabalak S, Suslick K. Porous carbon powders prepared by ultrasonic spray pyrolysis[J]. J. Am. Chem. Soc., 2006, 128: 12642-12643.

[66] Skrabalak S, Suslick K. Carbon powders prepared by ultrasonic spray pyrolysis of substituted alkali benzoates [J], J. Phys. Chem. C, 2007, 111: 17807-17811.

[67] Bang J, Han K, Skrabalak S, et al. Porous carbon supports prepared by ultrasonic spray pyrolysis for direct

methanol fuel cell electrodes[J], J. Phys. Chem. C, 2007, 111: 10959-10964.

[68] Wlsnleff R. Display technology: Printion screens[J]. Nature, 1998, 394: 225-227

[69] Comiskey B, Albert J, Yoshizawa H, et al. An electrophoretic ink for all-printed reflective electronic displays, Nature, 1998, 394: 253-255

[70] 郭炳焜, 徐徽, 王先友, 等. 锂离子电池[M]. 长沙, 中南大学出版社, 2002.

[71] Aurbach D, Ein-Ely Y, Zaban A. J. Electrochem. Soc., 1994, 140: L l.

[72] Langenhuizen N. J. Electrochem. Soc[J]. 1998, 145: 3094.

[73] Guo Y, Hu J, Wan L. Nanostructured materials for electrochemical energy conversion and storage devices[J], Adv. Mater., 2008, 20: 2878-2887.

[74] Matsuda Y. Behavior of lithium/electrolyte interface in organic solutions[J]. Journal of Power Sources, 1993, 43: 1-7

[75] Ishikawa M, Yoshitake S, Morita M, et al. J. Electrochem. Soc[J]. 1994, 141: L159.

[76] Osaka T, Momma T, Matsumoto Y, et al. J. Electrochem. Soc[J]. 1997, 144: 1709.

[77] Tobishima S, Okada T. J. Appl. Electrochem[J]. 1985, 15: 901-906.

[78] Courtney I, Dahn J. Electrochemical and in situ X-ray diffraction studies of the reaction of lithium with tin oxide composites[J]. J. Electrochem. Soc., 1997, 144: 2045-2052.

[79] Zhang W, Hu J, Guo Y, et al. Tin-nanoparticles encapsulated in elastic hollow carbon spheres for high-performance anode material in lithium-ion batteries[J]. Adv. Mater., 2008, 20: 1160-1165.

[80] Xie Y, Krause A, Militz H, et al. Weathering of uncoated and coated wood treated with methylated 1, 3-dimethylol-4, 5-dihydroxyethyleneurea (mDMDHEU) [J]. European Journal of Wood and Wood Products, 2008, 66: 455-464.

[81] 秦莉, 于文吉. 木材光老化的研究进展[J]. 木材工业, 2009, 23: 33-36.

[82] Evans P, Thay P, Schmalzl K. Degradation of wood surfaces during natural weathering. Effects on lignin and cellulose and on the adhesion of acrylic latex primers [J]. Wood Sci. Technol., 1996, 30: 411-422.

[83] Ukaji E, Furusawa T, Sato M, et al. The effect of surface modification with silane coupling agent on suppressing the photo-catalytic activity of the fine TiO_2 particles as inorganic UV filter [J]. Applied surface science, 2007, 254: 563-569.

[84] Zhu H, Luo W, Ciesielski P, et al. Wood-derived materials for green electronics, biological devices, and energy applications[J]. Chemical Reviews, 2016, 116(16): 9305-9374.

[85] Jeremic D, Goacher R, Yan R, et al. Direct and up-close views of plant cell walls show a leading role for lignin-modifying enzymes on ensuing xylanases[J], Biotechnol. Biofuels, 2014, 7(1): 496.

[86] Chen F, Gong A, Zhu M, et al. Mesoporous, three-dimensional wood membrane decorated with nanoparticles for highly effifficient water treatment[J]. ACS Nano, 2017, 11(4): 4275-4282.

[87] Chen C, Li Y, Song J, et al. Highly flexible and effifficient solar steam generation device[J]. Advanced Materials, 2017, 29(30): 1701756.

[88] Fink S. Transparent wood-a new approach in the functional study of wood structure[J]. Holzforschung, 1992, 46: 403-408.

[89] Oya A, Yoshida S. Antibacterial activated carbon fiber derived from phenolic resin containing silver nitrate[J], Carbon, 1993, 31: 71-73.

[90] Zhang S, Wu D, Wan L, et al. Adsorption and antibacterial activity of silver-dispersed carbon aerogels[J]. Journal of Applled Polymer Science, 2006, 102: 1030-1037.

[91] Anpo M, Aikawa N, Kubokawa Y. Photocatalytic hydrogenation of alkynes and alkenes with water over titanium dioxide. Platinum loading effect on the primary processes[J], J. Phys. Chem., 1984, 88: 3998-4000.

[92] Anpo M, Shima T, Kodama S, et al. Photocatalytic hydrogenation of propyne with water on small-particle titania: size quantization effects and reaction intermediates[J], J. Phys. Chem., 1987, 91: 4305-4310.

第2章　三元硫铟化合物的制备与表征

2.1　AInS$_2$(A＝Na，K)的溶剂热制备与表征

由于重要的线性非线性光学性质，ABX$_2$(A：碱金属离子；B：三价离子；X：O，S，Se)三元化合物，例如硫铟锂(LiInS$_2$)，已经引起了众多材料学家的关注[1-3]。具有α-铁酸钠(α-NaFeO$_2$)结构的硫铟钠(NaInS$_2$)的晶体结构如图2-1所示，[InS$_2$]⁻阴离子层是由共用边的InS$_6$八面体组成，阳离子钠位于两[InS$_2$]⁻阴离子层之间[4]。三元硫铟化合物硫铟钾(KInS$_2$)有三种常见的晶体结构(图2-1)，一个常压相(KInS$_2$-I)和两个高压相(KInS$_2$-II，KInS$_2$-III)[5-8]。常压相KInS$_2$-I与硫铟铷-I(RbInS$_2$_I)，硒稼铊(TlGaSe$_2$)具有相同的晶体结构，同属单斜晶系[5,7]，KInS$_2$-II(30kbar*，1000℃)为四方结构，KInS$_2$-III(20kbar，350℃)属于六方结构。在40kbar，1000℃的条件下，KInS$_2$-II可转变为KInS$_2$-III。两个高压相在常压下温度高于300℃时均可转变为常压相KInS$_2$-I。

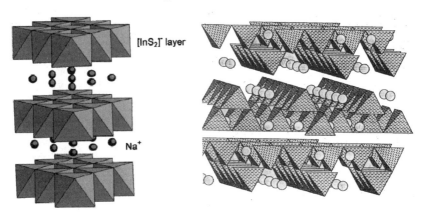

图2-1　NaInS$_2$(左)、KInS$_2$-I(右)的晶体结构[4,8]

Watanabe等人的研究工作表明钠离子取代铜离子制备钠掺杂硫铟铜(CuInS$_2$)薄膜对于合成以CuInS$_2$为基础的高质量太阳能电池是至关重要的，并且这种方法避免了有毒物质KCN的使用，这种电池的转化率可高达10.6%。后来的研究发现在每个CuInS$_2$薄膜的表面上都有NaInS$_2$的存在[9]。然而，对于那些以没有注入钠离子的富铟CuInS$_2$薄膜为基础的太阳能电

---

* 1bar＝100kPa，1kbar＝10⁵kPa，下同。

池，其转化率低于 2%。最近，Akihiko 等人报道在可见光的照射下 $NaInS_2$ 可从亚硫酸钾（K_2SO_3）水溶液中光催化离解出氢[10]。以前的工作对于 $KInS_2$ 的红外性质[11]和晶体结构[12]也有一定的报道。

2.1.1 常见的制备方法

2.1.1.1 高温反应法

通常，ABX_2 都是由高温反应来合成的。Fukuzaki 报道，Na_2S、In_2S_3 被分别热蒸发到玻璃衬底上，在 5% 的 H_2S-Ar 气氛下，550℃ 下退火 2h 得到 $NaInS_2$ 晶体[13]。而有关 $KInS_2$-I 晶体的制备常通过熔融 S、K_2CO_3、In_2S_3[5, 14]或 S、K、In_2S_3[15]。在 800~1000℃ 的 H_2S 中通过 $KInO_2$ 或 K_2CO_3 和 In_2S_3 之间的反应也可得到 $KInS_2$-I 晶体。最近，通过含有 KCl 的 Ca-In-S 和 Sr-In-S 共融物回流得到了 $KInS_2$-I 晶体[16]。

2.1.1.2 Na-In 硫化物前驱体法[10]

Na-In 硫化物前驱体法的制备：Na_2S（1.25mol/dm^3，120mL）水溶液加入含有 $NaNO_3$ 的 $In(NO)_3$ 水溶液（0.25mol/dm^3，80mL），27℃ 下搅拌 20h 得到白色钠铟硫化物前驱体。

$NaInS_2$ 晶体的制备：白色 Na-In 硫化物前驱体在 150℃ 干燥 0.5h，然后在氮气中 300℃ 下加热 2h 得到 $NaInS_2$ 晶体。

2.1.2 $NaInS_2$ 的溶剂热合成与表征

钱逸泰院士课题组在 $CuInS_2$、$AgInS_2$、$CdIn_2S_4$、$FeIn_2S_4$ 等三元硫铟化合物水热溶剂热制备上取得了明显进展。蒋阳博士在乙二胺中 280℃ 下通过单质反应 48h 得到了 $CuInS_2$、$CuInSe_2$ 纳米棒，并且提出了溶液—液体—固体（SLS）反应机理[17]。陆轻铱则通过氯化亚铜与单质铟或镓和过量的硫粉在苯溶剂的条件下得到了 $CuInS_2$、$CuGaS_2$ 纳米晶[18]，以 $FeCl_3$、In、S 为起始反应物，苯为溶剂成功制得了 $FeIn_2S_4$ 纳米晶[19]。崔勇则通过单分子前驱体 $In(S_2CNEt_2)_3$ 与 $Cu(S_2CNEt_2)_2$ 或 $Ag(S_2CNEt_2)$ 之间在乙二胺溶剂中的反应成功制得了 $CuInS_2$、$AgInS_2$ 纳米棒[20]。谢毅院士及其合作者以 CS_2 为硫源通过 $CuCl_2$、In、CS_2 和 NaOH 之间的反应合成了 $CuInS_2$ 纳米棒[21]；采用分裂模板输送法以 $Cd(S_2CNEt_2)_2$、$InCl_3$ 为反应物以乙醇、乙二胺作为混合溶剂合成了 $CdIn_2S_4$ 纳米棒[22]。胡俊青博士以 CdS、$InCl_3$、硫脲为反应物水热合成出了 $CdIn_2S_4$ 纳米棒[23]。

虽然 Na_2S、K_2S 在合成二元硫化合物时常被用来做硫源[24-25]，在三元硫铟化合物的制备中却很少有人用到，究其原因，由于钠离子、钾离子也常参与反应生成钠或钾的三元化合物。本节以 $Na_2S \cdot 9H_2O$ 或 K_2S 和 $InCl_3 \cdot 4H_2O$ 为反应物在不同溶剂中制备出了不同形貌的三元化合物 $AInS_2$（A=Na，K）。

2.1.2.1 实验过程

所有化学原料均为分析纯试剂，从上海化学试剂厂购得，在使用前未经进一步纯化。不同摩尔比的金属硫化物 $Na_2S \cdot 9H_2O$ 和 $InCl_3 \cdot 4H_2O$ 放入一容积为 50mL 的不锈钢聚四氟乙烯反应釜中，在此之前该反应釜中放置了其 80% 容积的溶剂。再将该反应釜放入烘箱中 180℃ 下静置 12h，然后自然冷却到室温。沉淀过滤，用蒸馏水和无水乙醇洗涤数次后。60℃ 下真空干燥 3h 后，浅黄色粉末被收集以备后面的表征。

2.1.2.2 样品表征及结果分析

$NaInS_2$ 粉末样品的 XRD 如图 2-2 所示。从图上可以看出，不管是用乙二胺还是用无水乙醇作溶剂，所得产物中都无其他杂质，均可以指标化为六方相 NaInS$_2$。计算结果表明，其晶格常数为 a = 3.780Å，c = 19.95Å，该数值与卡片报道的基本吻合（a = 3.803Å，c = 19.89Å；JCPDS card，No. 74-135）。至于图 2-2 中 C 部分可以指标化为 NaInS$_2$（JCPDS card，No. 74-135）和三硫化二铟（In$_{2}$S$_{3}$）（JCPDS card，No. 25-390）的混合物。

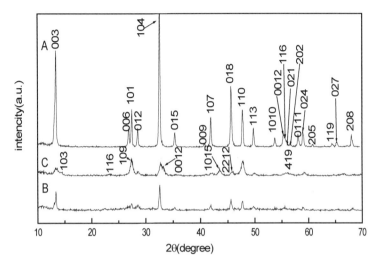

图 2-2　不同条件下制备的 NaInS$_2$ 粉末的 XRD：A 是九水合硫化钠（6mmol），无水乙醇；
B 是九水合硫化钠（6mmol），乙二胺；C 是九水合硫化钠（1mmol），无水乙醇

　　通过 TEM 观察比较了不同溶剂中所合成的 NaInS$_2$ 晶体的形貌。如图 2-3 所示，以乙醇为溶剂得到了不规则片状形貌，然而以乙二胺为溶剂时则得到了比较规则的片状形貌。相应的选区电子衍射（SAED）表明该样品是六方相的 NaInS$_2$ 单晶，其生长方向为沿 B、C 方向生长。有意思的是，如果以乙醇为溶剂所得的样品用稀盐酸洗过后所得样品为具有一些小孔的不规则片状形貌（图 2-3A）。

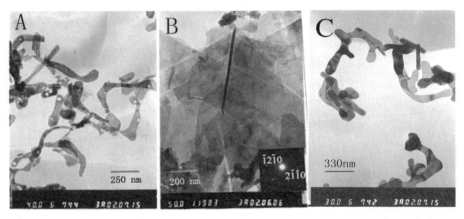

图 2-3　NaInS$_2$ 纳米晶的 TEM 图和选区电子衍射中：A 是 NaInS$_2$，乙醇，稀酸洗后；
B 是 NaInS$_2$，乙二胺；C 是 NaInS$_2$，乙醇

　　图 2-4 显示所得 NaInS$_2$ 在稀酸洗前与洗后，都可以指标化为六方相 NaInS$_2$，没有其他的物相出现。这表明稀酸洗去的小孔的成分也是 NaInS$_2$。NaInS$_2$ 的比表面积通过 BET 法得到，

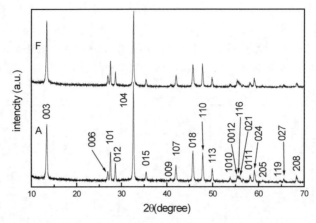

图 2-4　稀酸洗前和洗后的 $NaInS_2$ 的 XRD 图中：A 是九水合硫化钠（6mmol），
乙醇；F 是九水合硫化钠（6mmol），乙醇，稀酸洗

以无水乙醇为溶剂制备的 $NaInS_2$ 的比表面积为 $18m^2/g$，该结果大于 Akihiko 报道的结果[10]。当溶剂为乙二胺时所得样品的比表面积略小，为 $8m^2/g$。

当反应物 $Na_2S \cdot 9H_2O$ 的量不足的时候，从图 2-2 中 C 部分可知，得到的是 $NaInS_2$ 和 In_2S_3 的混合物。这可能意味着 Na_2S 首先与 $InCl_3$ 反应生成二元化合物 In_2S_3，所生成的 In_2S_3 继续与过量 Na_2S 反应进而生成三元化合物 $NaInS_2$。因此可能的反应过程可以表示如下：

$$3Na_2S + 2InCl_3 \longrightarrow In_2S_3 + 6NaCl \tag{2-1}$$

$$In_2S_3 + Na_2S \longrightarrow 2NaInS_2 \tag{2-2}$$

另外，反应温度在合成 $NaInS_2$ 的过程中至关重要。不论是用乙醇还是用乙二胺作溶剂，反应温度都不能低于 120℃，否则只能得到无定形产物。随着温度的升高，可以得到高度晶化的目标产物。

2.1.3　$KInS_2$ 的合成与表征

适量 K_2S 和 $InCl_3 \cdot 4H_2O$（摩尔比为 6∶1）放入一容积为 50mL 的不锈钢聚四氟乙烯反应釜中，在此之前该反应釜中放置了其 80% 容积的溶剂。再将该反应釜放入烘箱中 180℃下反应 12h，然后自然冷却到室温。沉淀过滤，用蒸馏水和无水乙醇洗涤数次后。60℃下真空干燥 3h 后，浅黄色粉末被收集以备后面的表征。

图 2-5 表明所得样品都可以指标化为单斜相 $KInS_2$（JCPDS Card，No. 42-1176）。在乙醇中得到了片状 $KInS_2$

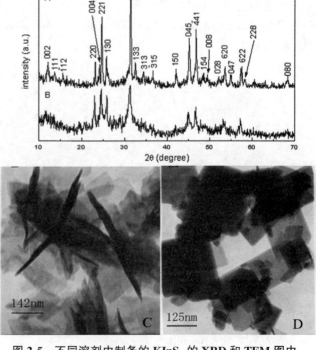

图 2-5　不同溶剂中制备的 $KInS_2$ 的 XRD 和 TEM 图中：
A、C 是乙醇，B、D 是乙二胺

纳米晶，值得注意的是还有少量的棒状 $KInS_2$ 存在，这有可能由片状 $KInS_2$ 卷成的。至于在乙二胺中，得到了平行四边形形状的 $KInS_2$ 纳米晶。

2.1.4　小　结

通过设计一个低温制备 $AInS_2$($A=Na$, K)反应线路，以九水合硫化钠或硫化钾和四水合三氯化铟为反应物，在聚四氟乙烯反应釜中通过选择不同的溶剂得到了不同的形貌的 $AInS_2$ 纳米晶。溶剂、反应温度和反应物用量对该反应的影响也进行了研究，提出了可能的形成过程[26]。

2.2　模板离子交换法合成 MIn_2S_4($M=Mn$, Zn)

随着纳米科技的发展，人们关注的焦点已转向以纳米结构为背景的量子器件的设计和合成，因此，组装低维纳米材料已成为当前的热点。在特定模板中合成各种材料及构建低维纳米点阵的模板合成法是一种新发展起来的纳米微粒控制合成方法。模板效应最初是由合成冠醚化合物的研究而提出的[27]，而现在这一概念被推广到无机合成、有机合成、生物化学等领域。模板合成是一种很吸引人的方法，通过合成适宜尺寸和结构的模板作为主体，在其中生成作为客体的窄粒径分布、粒径可控、易掺杂和反应易控的纳米微粒。由于选定的组装模板与纳米微粒之间的识别作用，从而使模板对组装过程具有指导作用，因此组装过程更具科学性。根据所选基质的不同，可分为以下几种：

(1)高分子固体模板法

Van Blaaderen 等人[28]利用高分子膜固体模板法完成了微米量级粒子的三维组装。他们用电子束在高分子膜上打出排列整齐的孔洞，这些孔洞的深度和直径与被组装粒子相匹配，将这些高分子薄膜作为组装模板对分散于溶液中的微米粒子进行组装，通过适当混合溶剂的选择和离子强度的调节，而使粒子一层层沉积在模板上形成三维有序结构，他们称之为"胶体外延法"。嵌段共聚物是另一种常见的固态高分子膜模板，由于嵌段高聚物在固态膜中可形成规则分布的微区结构，因此可用来作为具有潜在应用价值的纳米团簇组装模板，如 Moffit 等人利用嵌段共聚物水溶解性的差别通过球形自组装路线合成出了 3nm 的硫化镉[29]。

(2)多孔膜法

多孔膜为模板的方法在概念上比较浅显，即在膜的孔中合成目标材料，如利用氧化铝模板通过电化学合成 II-VI 族半导体纳米线[30]。制备过程是首先在模板中沉积镍晶须，然后在镍晶须上沉积半导体晶须。也可利用多孔氧化铝模板，采用电化学沉积、无电沉积、化学气相沉积等方法合成贵金属 Au、Ag、Pt 及 Ni 等纳米线、管[31]。现在人们正尝试在直径小于 10nm 的孔中制备具有量子尺寸效应的半导体纳米线。

(3)单分子膜模板法

自组装单分子膜技术发展到今天已经非常成熟了，由于单分子膜具有非常规则的结构排布，因此很适合于作为纳米团簇的组装模板[32]。研究最多的单分子膜是指 LB 膜[33-35]和 MD 膜[36-38]，现已用来制备规则排列的纳米材料，下面对这两种单分子膜模板在纳米材料制备方面的应用作一介绍。

①LB 膜。它是利用 Langmuir-Blodgett 法得到，由单分子膜沉积在固体表面上所形成的高度有序的活性超薄膜，是分子水平上的有序组装体。制备原理是利用具有疏水基和亲水基的两亲分子在气—液界面上的定向组合性，通过侧向施压使界面上杂乱的双亲分子形成紧密且

定向排列的单分子膜。LB 膜方法主要包括 4 种：两亲单组分膜法、交替 LB 膜技术、自组装混合膜法和半两亲膜技术[39-40]。

用包覆有表面活性剂分子的纳米微粒的水面上直接成膜，可得到纳米微粒单层膜。Alivisatos 等人利用具有双亲活性基团的分子在金属表面上组装出暴露端为-SH 的单分子膜，通过 CdS 纳米晶体与 -SH 的相互作用而将它组装到单分子膜上，从而得到了纳米晶体的二维膜[35]。目前自组装单分子膜技术已经发展到制备有机分子膜—无机纳米团簇的夹层式结构等[41-42]。

采用 LB 膜技术所制备的复合材料既具有纳米微粒特异的量子尺寸效应，又具有 LB 膜的分子层次有序、膜厚可控、易于组装等优点，且通过改变 LB 膜的成膜材料、纳米粒子的种类及制备条件来达到改变材料的光电特性，因此在微电子学、光学和传感器等领域有着广阔的应用前景。

②MD 膜。与 LB 膜不同的是，MD 膜是以阴阳离子的静电相互作用作为驱动力，制备单层或多层有序膜[36-37]。采用与纳米微粒具有相反电荷的双离子或多聚离子化合物与纳米微粒交替沉积生长，可制备复合纳米微粒的有机—无机交替 MD 膜。MD 膜中强烈的静电相互作用保证了交替膜以单分子层有序结构的生长，为纳米微粒的有序组装提供了新方法。采用 LB-MD 膜技术相结合的方法，在 LB 膜的基础上先沉积双吡啶阳离子再沉积 PbI_2 阴离子，可得到以 LB 膜为底的 MD 膜[38]。该方法的成功与否决定于 LB 膜表面能否进行分子沉积，实验表明，多层膜在纵向具有很好的周期结构，且沉积在不同层上的 PbI_2 和双吡啶盐为等量过程。

(4) 生物分子模板法

常用的生物分子模板通常是 DNA 分子或其片段。与简单有机分子模板不同，组装过程不是通过模板与纳米团簇的识别，而是通过与纳米团簇结合的低聚核苷酸分子与模板间的分子识别来实现的[43]。由于 DNA 分子具有更完善和严密的分子识别功能，使得组装过程具有高度的选择性；又因为生物分子的热不稳定性，当将组装起来的纳米团簇加热到一定温度时，DNA 分子被破坏，纳米团簇将重新分散。另外，由于带动组装的动力来源于纳米团簇外包敷分子的分子识别，因而用此法来实现不同种类及不同粒径的纳米团簇的组装将成为可能，这在制备特殊性质和要求的纳米器件等方面具有潜在的应用价值。譬如 Meldum 等人以铁蛋白为模板合成了纳米 Fe_2S_3[44]。

(5) 沸石分子模板法

分子筛结构的特点是具有均匀尺寸的中空笼状结构。用具有沸石结构的多孔分子筛为基质，通过离子交换、气相注入、内延 MOCVD 等物理化学手段，利用沸石内精确有序的空腔为合成单一尺寸的纳米微粒以及团簇等纳米材料提供了理想的环境，而空腔窗口为反应剂向空腔内输运提供了通道。一方面沸石的骨架将纳米团簇的表面有效地包裹起来，降低了表面原子的活化能，阻止纳米团簇的进一步长大；另一方面沸石骨架的原子与纳米团簇的原子配位，尤其是具有孤对电子的氧原子可与纳米团簇的金属原子配位，从而团簇的电子态达到饱和状态，能量最低，结构最稳定。因此在沸石中组装的纳米团簇具有很高的稳定性和均匀性，并可合成高密度的三维量子超晶格结构。已经发现，在沸石分子筛中形成的纳米结构材料具有明显的吸收边蓝移效应[45]、高发光效率[46]和对光和化学环境的高敏感性[47]，因此，它在光电、信息存贮、化学传感器等方面具有极高的应用价值和科学意义。另外，Tang 等人采用铝磷酸盐沸石晶体孔道裂解三丙烯胺获得孔径最细的 0.4 纳米碳管[48]。沸石分子筛模板法将有利于实现材料化学家试图从分子水平生产光学、电子、磁学等元件，对促进纳米科学的研究具有十分重要的作用。目前正在由零维量子点型客体结构向一维量子线及三维量子晶体超晶格结构发展。缺点是目前客体在分子筛主体中的占有率较低。

（6）液晶模板法

以液晶为模板制备纳米材料是近年来才发展起来的新方法。液晶是一种物理性质各向异性的液体，是处于各向异性的固相和各向同性的液相之间的中间相。在液晶中一个小的局域范围内，分子都倾向于沿同一方向排列，在较大范围内分子的排列取向可以是不同的。液晶是处于液体状态的物质，因此构成液晶的分子的质量中心可以作长程移动，使物质保留一般流体的一些特征。液晶模板法主要是利用某些液晶分子的两亲性和液晶结构上的特性限制颗粒的生长和取向。如 Braun 等人以液晶为模板将 CdS 颗粒的生长限制在亲水区内，控制得到了纳米级 CdS[49]。Li 等人同样是以六方液晶为模板，将 CdS 颗粒的生长限制在表面活性剂分子形成的六方堆积的空隙水相内，得到了直径为 1~5nm 的呈平行分布的 CdS 纳米线[50]。

（7）碳纳米管的模板转化法

近年来，基于碳纳米管的模板转化法来制备一维纳米材料已经取得了很大的进展。Dai 等人报道了通过氧化物和碳纳米管之间的反应来制备碳化物纳米管[51]。近一步的研究显示性质稳定的碳纳米管可能起到模板的作用，使反应控制在碳纳米管内进行从而形成一维碳化物纳米棒[52]。Fan 等人将这一方法进一步扩展到氮化物（GaN、Si_3N_4）的制备[53]。

近年来，Yang 等人采用低温 chimie douce 溶液化学法制备了 MMo_3Se_3（$M = Na^+$、Rb^+、Cs^+、NMe_{4+}）纳米线。他们以可溶于极性溶剂的 $LiMo_3Se_3$ 为起始反应物，通过阳离子交换反应得到了其他 MMo_3Se_3 纳米线[54]。具有 α-$NaFeO_2$ 结构的 $NaInS_2$ 的 $[InS_2]^-$ 阴离子层是由共用边的 InS_6 八面体组成，阳离子钠位于两 $[InS_2]^-$ 阴离子层之间[55]。受到杨等人报道内容的启发，笔者试着用其他阳离子来与 $NaInS_2$ 发生离子交换反应以便得到其他硫铟三元化合物。在这一思路的指导下，以前面所制得的 $NaInS_2$ 为反应物和模板，通过离子交换反应成功制备了 $MnIn_2S_4$、$ZnIn_2S_4$ 等三元硫铟化合物。

2.2.1 MIn_2S_4（M=Mn，Zn）的性质与常见制备方法

一些具有尖晶石结构通式为 $A^{II}B_{2III}C_{4VI}$ 的三元化合物引起了众多材料学家的兴趣。$MnIn_2S_4$ 的磁化率和光学性质[56-57]，$ZnIn_2S_4$ 的光致发光和光电导性等[58-59]都已经被广泛的研究。以上性质使得这些材料在光电子、光化学记录和可变光电容器等方面都有着广泛的应用[60]。通常，$A^{II}B_2^{III}C_4^{VI}$ 三元化合物合成方法有以下几种：800~1000℃ 下的元素直接反应法[61-62]或者金属有机化学气相沉积法（MOCVD）[63]。最近，Sriram 等人通过室温沉淀法制备了无定形 $ZnIn_2S_4$，然而为得到 $ZnIn_2S_4$ 晶体，400~500℃ 的处理是必需的[64]。

2.2.2 实验过程与表征方法

按照上面所述的方法，适量金属硫化物 $Na_2S \cdot 9H_2O$ 和 $InCl_3 \cdot 4H_2O$（摩尔比为 6∶1）放入一容积为 50mL 的不锈钢聚四氟乙烯反应釜中，在此之前该反应釜中放置了 80% 容积的无水乙醇。再将该反应釜放入烘箱中 180℃ 下反应 12h，然后自然冷却到室温。沉淀过滤，用蒸馏水和无水乙醇洗涤数次后。60℃ 下真空干燥 3h 后，即得到所需的 $NaInS_2$ 纳米晶。再将适量所得 $NaInS_2$ 纳米晶与过量氯化物（$MnCl_2$ 或 $ZnCl_2$）放入反应釜中，加入 40mL 无水乙醇，磁搅拌 15min 后，密封 140℃ 反应 12h。自然冷却到室温，沉淀过滤后用蒸馏水、无水乙醇洗涤数次后，真空 60℃ 干燥 3h，所得粉末被收集以备后面的表征。不同的实验条件和相应的产物见表 2-1。

通过粉末 X 射线衍射(XRD)鉴别样品的物相，采用日本产 Rigaku D/maxγA 粉末 X 射线衍射仪，使用 Cu-Kα$_1$ 源(λ = 1.54178 Å)，扫描速度为 0.02°/s，扫描方式为 θ~2θ 连动，2θ 扫描范围为 10~70°。形貌信息(TEM)照片和选区电子衍射花样(SAED)都是在日立 H-800 透射电子显微镜上完成的，加速电压为 200kV，选区电子衍射花样是在样品双倾台上完成。所使用样品事先在医用超声清洗机中超声分散在无水乙醇中形成均一稳定的悬浮液。然后将这些溶液滴在附有非晶碳膜的铜网上，放置几分钟待溶剂挥发完全后进行表征。

表 2-1   化学反应条件和结果

温度/℃	金属离子	反应时间/h	产物
140	Mn^{2+}	12	MnIn$_2$S$_4$
140	Zn^{2+}	12	ZnIn$_2$S$_4$
60	Mn^{2+}	12	NaInS$_2$
100	Mn^{2+}	12	MnIn$_2$S$_4$ + NaInS$_2$
140	Mn^{2+}	4	MnIn$_2$S$_4$ + NaInS$_2$
180	Mn^{2+}	7	MnIn$_2$S$_4$

2.2.3   样品表征与结果讨论

图 2-6 显示了目标产物 ZnIn$_2$S$_4$，MnIn$_2$S$_4$ 和反应物 NaInS$_2$ 的 XRD 图。XRD 结果表明所得样品结晶非常好并且没有其他杂质如二元硫化物出现。图 2-7 中 A 可以被指标化为立方相硫铟锌(ZnIn$_2$S$_4$)，计算所得晶格常数为 a = 10.60Å，与所报道数值基本吻合(a = 10.62Å，JCPDS card：No.48-1178)。图 2-6 中 B 指标化为立方相 MnIn$_2$S$_4$，其晶格常数为 a = 10.72Å，与卡片上所报道的数值非常接近(a = 10.71Å，JCPDS card：No. 85-1129)。通过 TEM 观察比较了不同条件下合成的 ZnIn$_2$S$_4$，MnIn$_2$S$_4$ 晶体的形貌。从图 2-7 可以看出所得样品的形貌与起始反应物的一样都是不规则片状结构。相应的选区电子衍射(SAED)都可以指标化为立方相，晶带轴分别为<211>、<111>，这与 XRD 的结果是一致的。

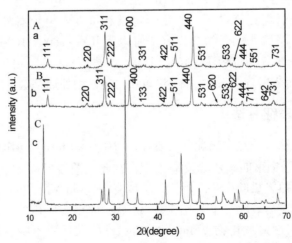

图 2-6   MIn$_2$S$_4$的 XRD(140℃，12h)中 A 是 ZnIn$_2$S$_4$，B 是 MnIn$_2$S$_4$，C 是反应物 NaInS$_2$

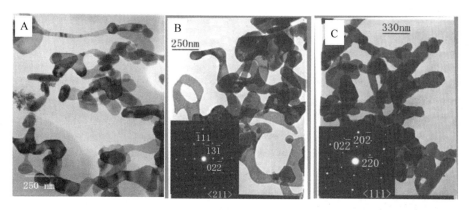

图 2-7　反应物 A 是 $NaInS_2$；B 是 $ZnIn_2S_4$；C 是 $MnIn_2S_4$ 的 TEM

2.2.4　影响因素与可能的形成过程

以 $MnIn_2S_4$ 为重点讨论了起始反应物、溶剂、反应温度和反应时间的影响。不改变其他条件，仅用适量的 $Na_2S \cdot 9H_2O$ 和 $InCl_3 \cdot 4H_2O$ 代替 $NaInS_2$，XRD 没有 $MnIn_2S_4$ 晶体生成；仅用乙二胺代替乙醇，得到的是反应物 $NaInS_2$ 而不是目标产物 $MnIn_2S_4$，这有可能是由于乙二胺有很强的配位能力，大部分 Mn 离子都与乙二胺生成稳定的配合物，所以最后得到的还是起始反应物 $NaInS_2$。如果反应温度低于 60℃，除了得到反应物 $NaInS_2$ 以外没有 $MnIn_2S_4$ 生成。当温度升高到 100℃，反应 12h，得到的是 $NaInS_2$ 和 $MnIn_2S_4$ 的混合物。然而当在 140℃反应 4h，得到的也是 $NaInS_2$ 和 $MnIn_2S_4$ 的混合物。当温度升高到 180℃，仅需要 7h 就能得到纯立方相 $MnIn_2S_4$ 粉末。以上讨论表明，相对高的反应温度和相当长的反应时间是必需的，并且随着温度的升高，其反应时间缩短。因此最佳反应条件为以乙醇做溶剂在 140℃ 反应 12h。

从图 2-7 可以看出，目标产物和起始反应物都是不规则片状形貌，这意味着，反应物的形貌被转移到目标产物上，也就是说，在此过程中，起始反应物起着模板的作用。这有可能可归因于 $NaInS_2$ 特殊的层状结构。据报道，InS_6 八面体通过共用边形成了 InS_2^- 阴离子层，阳离子处在两 InS_2^- 层之间[54]。在离子交换过程中，仅仅是相应的阳离子取代了 Na^+，而阴离子层没有被破坏，所以保持了原来起始反应物的形貌。再进一步考虑到在相对低的反应温度或较短的反应时间(100℃、12h，140℃、4h)的条件下，没有观察到其他中间产物(MnS，In_2S_3 等)。所以可能的反应过程如下：

$$2NaInS_2 + Mn^{2+} = MnIn_2S_4 + 2Na^+ \tag{2-3}$$

$$2NaInS_2 + Zn^{2+} = ZnIn_2S_4 + 2Na^+ \tag{2-4}$$

2.2.5　小　结

以上所合成的钠铟硫为起始反应物，通过模板离子交换法以乙醇为溶剂合成了 MIn_2S_4(M = Mn，Zn)纳米晶。对该反应中，溶剂、起始反应物、反应时间、反应温度对该离子交换反应的影响进行了研究。由于 $NaInS_2$ 特殊的层状结构，InS_6 八面体通过共用边形成了 InS_2^- 层，阳离子处于两 InS_2^- 层之间。在离子交换过程中，仅仅是相应的阳离子取代了 Na^+，而阴离子层没有被破坏，所以保持了原起始反应物的形貌[65]。

参考文献

[1] Andreev Y, Geiko L, Geiko P, et al. Optical properties of a nonlinear LiInS$_2$ crystal[J]. Quantum Electronics, 2001, 31(7): 647-648.

[2] Kushida k, Koda T, Kuriyama K. Band gap and cathode-and photoluminescens from LiInO$_2$ films[J]. Journal of Applied Physics, 2003, 93(5): 2691-2695.

[3] Kurirama K, Kato T, Takahashi A. Optical band gap and blue-band emission of a LiInS$_2$ single crystal[J]. Physical review B, Condensed matter, 1992, 46(23): 15518-15519.

[4] Hoppe V, Lidecke W, Frorath F. Zur Kenntnis von NaInS$_2$ und NaInSe$_2$ [J]. ZEITSCHRIFT FUR ANORGA-NISCHE UND ALLGEMEINE CHEMIE, 1961, 309, 49-54.

[5] Schubert H, Hoppe R. Notizen: Zur Kenntnis der RbInS$_2$-Strukturfamilie[J]. Zeitschrift Für Naturforschung B, 1970(25): 886-887.

[6] Range K, Mahlberg G. High Pressure Transformations of the Alkali thioindates KInS$_2$, RbInS$_2$ and CsInS$_2$[J]. Zeitschrift für Naturforschung B, 1975, 30b, 81-87.

[7] Moller D, Poltmann P, Hahn H. On the structure of ternary thalliumchalkogenides with aluminium, gallium and indium, XXII[J]. Zeitschrift Für Naturforschung B, 1974, 29(1): 117-118.

[8] Lowema C, Kipp D, Vanderah T. Chemical design and structural chemistry of Lwir optical materials[J]. Solid State Chemistry, 1991, (92): 397-398.

[9] Watanabe T, Nakazawa H, Matshi M, et al. Improved Cu(In, Ga)(S, Se)$_2$ thin film solar cells by surface sulfurization[J]. Solar Energy Materials & Solar Cells, 1997, 49(4): 285-290.

[10] Kudo A, Nagane A, Tsuji I, et al. H$_2$ evolution from aqueous potassium sulfite solutions under visible light irradiation over a novel sulfide photocatalyst NaInS$_2$ with a layered structure[J]. Chemistry Letters, 2002, 31(9): 882-883.

[11] Nadler M, Lowema C, Vanderah T. Single-crystal infrared characterization of ternary sulfides[J]. Materials Research Bulletin, 1993, 28(12): 1345-1354.

[12] Eisenmann, Hofmann A. Crystal structure of potassium phyllo-dithioindate(III), KInS$_2$[J]. Ztschrift Für Kristallographie, 1991, 195(3): 318.

[13] Fukuzaki K, Kohiki S, Matsushima S, et al. Preparation and characterization of NaInO$_2$ and NaInS$_2$[J]. Journal of Materials Chemistry, 2000, (10): 779-782.

[14] Kovach S, Semrad E, Voroshilov Y, et al. Synthesis and basic physicochemical properties of alkali metal indates and thioindates[J]. Inorganic Materials, 1978(14): 1693.

[15] Moller D, Hahn H. Untersuchungen über ternäre Chalkogenide. XXIV. Zur Struktur des TlGaSe$_2$ [J]. zeitschrift für anorganische und allgemeine chemie, 1978, 438(1): 258-272.

[16] Kipp D, Lowema C, Vanderah T. Crystal chemistry, synthesis, banderah, and characterization of infrared optical materials[J]. Journal of Materials Chemistry, 1990, 2 (5): 506.

[17] Jiang Y, Wu Y, Mo X, et al. Elemental solvothermal reaction to produce ternary semiconductor CuInE$_2$(E = S, Se) nanorods[J]. Inorganic Chemistry, 2000, 39(14): 2964-2969.

[18] Lu Q, Hu J, Tang K, et al. Synthesis and characterization of ternary CuInS$_2$ nanorods via a hydrothermal route [J]. Inorganic Chemistry, 2000(39): 1606.

[19] Lu Q, Hu J, Tang K, et al. The solvothermal synthesis for nanocrystalline FeIn$_2$S$_4$ at low temperature[J]. Chemistry Letters, 1999, 6: 481-482.

[20] Cui Y, Ren J, Chen G, et al. Bis(2, 2-bipyridine-N, N') tetra-chloro-tetracopper(I)[J]. Chemistry Letters, 2001, 57(4): 349-351.

[21] Xiao J, Xie Y, Tang R, et al. Synthesis and characterization of ternary CuInS$_2$ nanorods Via hydrothermal route[J]. Journal of Solid State Chemistry, 2001, 161(2): 179-183.

［22］ Lu J，Xie Y，Du G，et al. Scission-template-transportation route to controllably synthesize CdIn$_2$S$_4$ nanorods ［J］. Journal of Materials Chemistry，2002，12：103−106.

［23］ Hu J，Deng B，Zhang W，et al. Synthesis and characterization of CdIn(2)S(4) nanorods by converting CdS nanorods via the hydrothermal route［J］. Inorganic Chemistry，2001，40（13）：3130.

［24］ Yu S，Yang J，Wu Y，et al. Hydrothermal preparation and characterization of rod-like ultrafine powders of bismuth sulfide［J］. Materials Research Bulletin，1998，33(11)：1661−1666.

［25］ Zeng J，Yang J，Qian Y. A novel morphology controllable preparation method to HgS［J］. Materials Research Bulletin，2001，36(1)：343−348.

［26］ Zheng R，Zeng J，Mo M，et al. Solvothermal synthesis of the ternary semiconductor AInS$_2$（A = Na，K）nanocrystal at low temperature，Materials Chemistry and Physics，2003，82：116−119.

［27］ 叶向阳，郭奇珍. 模板合成新进展［J］. 化学通报，1996(2)：10.

［28］ Blaaderen A，Ruel R，Wiltzius R. Template–directed colloidal crystallization［J］. Nature，1997，385（6614）：321−342.

［29］ Moffitt M，Vali H，Eisenberg A. Spherical assemblies of semiconductor nanoparticles in water−soluble block copolymer aggregates［J］. Chemistry of Materials，1998，10(4)：1021−1028.

［30］ Klein J，Robert D. Electrochemical fabrication of cadmium chalcogenide microdiode arrays［J］. Chemistry of Materials，1993，5(7)：902−904.

［31］ Nishizawa V，Mevon V，Martin C. Metal nanotubule membranes with electrochemically switchable ion−transport selectivity［J］. Science，1995，268(5211)：700−702.

［32］ Whitesides G. Organic surface chemistry：polymers and self-Assembled monolayers［J］. Chimia International Journal for Chemistry，1990，44(10)：310−311.

［33］ Smotkin E，Chongmok L，Bard A，et al. Size quantization effects in cadmium sulfide layers formed by a Langmuir−Blodgett technique［J］. Chemical Physics Letters，1988，152(2)：265−268.

［34］ Zhao X，Fendler J. Size Quantization in Semiconductor Particulate Films［J］. Journal of Materials Chemistry，1991，95(9)：3716−3718.

［35］ Colvin V，Goldstein A，Alivisatos A. Semiconductor nonocrystals covalently bound to metal surfaces with self−assembled monolayers［J］. Journal of the American Chemical Society，1992，114(13)：5221−5230.

［36］ Decher G，Hong J. Buildup of ultrathin multilayer films by a self-assembly process：II. consecutive adsorption of anionic and cationic bipolar amphiphiles and polyelectrolytes on charged surfaces，Physical Chemistry Chemical Physics，1991，95(11)：1430−1434.

［37］ Zhang X，Gao M，Kong X，et al. Build−up of a new type of ultrathin film of porphyrin and phthalocyanine based on cationic and anionic electrostatic attraction［J］. Journal of the Chemical Society，1994，9(1)：1055−1056.

［38］ Gao M，Zhang X，Yang B，et al. A monolayer of PbI$_2$ nanoparticles adsorbed on MD−LB film［J］. Journal of the Chemical Society Chemical Communications，1994，19(19)：2229−2230.

［39］ Barraud A. Supermolecular engineering by the Langmuir-Blodgett method，Thin Solid Film，1989，175，73−80.

［40］ Barraud A. Engineering supramolecular artificial edifices designed for a specific function，Biosensors and Bioelectronics，1994，9(9−10)：617−624.

［41］ Fendler J，Meldrum F. The colloid chemical approach to nanostructured materials ［J］. Advanced Materials，1995，7(7)：607−632.

［42］ Kimizuka N，Kunitake T. Organic two-dimensional templates for the fabrication of inorganic nanostructures：Organic／inorganic superlattices［J］. Advanced Materials，1996，8：89−97.

［43］ Bethell D，Schiffrin D. Nanotechnology and nucleotides［J］. Nature，1996，382(6592)：581.

［44］ Meldrum F，Wade V，Nimmo D，et al. Synthesis of inorganic nanophase materials in supramolecular protein cages［J］. Nature，1991，(349)：684−687.

[45] Herron N, Wang Y, Eddy M, et al. Structure and optical properties of CdS superclusters in zeolite host[J]. Journal of the American Chemical Society, 1989, 111(2): 530-540.

[46] Dag O, Kuperman A, Ozin G. Nanostructures: New forms of luminescent silicon[J]. Advance Materials, 1995, 7(1): 72-78.

[47] Bein T, Brown K, Frye G. Molecular sieve sensors for selective detection at the nanogram level[J] Journal of the American Chemical Society, 1989, 111(19): 7640-7641.

[48] Tang Z, Sun H, Wang J, et al. Mono-sized single-wall carbon nanotubes formed in channels of $AlPO_{4-5}$ single crystal[J]. Applied Physics Letters, 1998, 73: 2287-2289.

[49] Braun P, Osenar P, Stupp L. Semiconducting superlattices templated by molecular assemblies[J]. Nature, 1996, 380(6572): 325-328.

[50] Li Y, Wan J, Gu Z. Templated synthesis of CdS nanowires in hexagonal liquid Crystal systems[J]. Acta Physico-Chimica Sinica, 1999, 15 (1): 1-4.

[51] Dai H, Wong E, Lu Y, et al. Synthesis and characterization of carbide nanorods[J]. Nature, 1995, 375 (6534): 769.

[52] Wong W, Maynor B, Burns L, et al. Growth of metal carbide nanotubes and nanorods[J]. Journal of Materials Chemistry, 1996, 8(8): 2041-2046.

[53] Han W, Fan S, Hu Y, et al. A general synthetic route to III-V compound semiconductor nanowires[J]. Science, 1997, 277: 1287.

[54] Song J, Messer H, Wu Y, et al. MMo_3Se_3($M = Li^+$, Na^+, Rb^+, Cs^+, NMe_4^+) nanowire formation via cation exchange in organic solution[J]. Journal of the American Chemical Society, 2011, 123(39): 9714-9715.

[55] Hoppe V, Lidecke W, Frorath F. Z. Anorg. Allg. Chem[J]. 1961, 309, 49.

[56] Wskaki M, Ogava T, Arai T. Structure parameters and optical properties of the partially inverse spinel compound $MnIn_2S_4$[J]. Il Nuovo Cimento Seriel D, 1983, 2: 1809-1813.

[57] Hsu C, Steger C, Demeo E, et al. Magnetic susceptibility of $MnIn_2S_4$[J]. Journal of Solid State Chemistry, 1975, 13(4): 304-306.

[58] Shionoya S, Ebina A. Fundamental optical properties of $ZnIn_2S_4$ single crystals[J]. Journal of the Physical Society of Japan, 1964, 19(7): 1142.

[59] Romeo N, Dallaturca A, Braglia R et al. Charge storage in $ZnIn_2S_4$ single crystals[J]. Applied Physics Letters, 1973, 22(1): 21-22.

[60] Radautsan S, Tiginyanu I. Defect engineering in $II-III_2-VI_4$ and related compounds[J]. Japanese Journal of Applied Physics, 1993, 32(3): 5.

[61] Eibschutz M, Hermon E, Shtrikman S. Magnetic susceptibility and Mössbauer effect measurements in $FeIn_2S_4$[J]. Solid State Communications, 1967, 5(7): 529-531.

[62] Schlein S, Wold A. Photoconductivity of $MnIn_2S_4$ single crystals[J]. Journal of Solid State Chemistry, 1972, 4(2): 286-291.

[63] Mcaleese J, Obrien P, Otway D. A novel simple process for the deposition of thin films of $CuInSe_2$ by MOCVD [J]. Chemical Vapor Deposition, 1998, 4 (3): 94-96.

[64] Sriram M, Mcmichael P, Waghray A, et al. Chemical synthesis of the high-pressure cubic-spinel phase of $ZnIn_2S_4$[J]. J. Mater. Sci., 1998, 33(17): 4333-4339.

[65] Zheng R, Yang X, Hu H, et al. Template ion exchange route to nanocrystalline MIn_2S_4($M = Mn$, Zn)[J]. Materials Research Bulletin, 2004, 39(7): 933-937.

第3章 碲纳米棒为碲源制备 CdTe 量子点

半导体纳米晶(NCs)，即量子点，由于其基于尺寸和形貌的光学、电学性质，已经引起广泛的研究者注意。在过去 20 年内，许多研究组已经研发了多种方法合成强荧光性质 II–VI 族半导体纳米晶[1-5]。简而言之，II–VI 族半导体纳米晶的合成方法可分为两类：基于有机前驱体(常指三辛基氧化磷，TOPO)的合成路线[3,6]和水相合成路线[7-9]。作为基于有机前驱体的合成路线中一个经典的方法，"三辛基磷(TOP)/三辛基氧化磷"合成路线被公认为是合成 II–VI 族半导体纳米晶最成功、最成熟的路线。将硫属元素(S，Se 或 Te)溶于 TOP 形成硫属元素–TOP 配合物，用于硫属元素的前驱体，是这一路线的标志[3,7]。尽管通过上述方法合成的纳米晶具有优异的单分散性和荧光性质，由于其表面通常包覆疏水基团，因此难溶于水，不能直接应用于生物体系。Weller 等人[8]首次提出，通过水相合成硫醇保护的水溶性半导体纳米晶，具有优异的水溶性、稳定性和生物相容性。对于水相合成路线，影响其荧光性质的三个因素是：碲的前驱体，加热方法，保护剂(即硫醇)的类型[8,10]。对于水相合成路线而言，H_2Te(一种高毒、易燃的气体)或 NaHTe(一种空气中易自发氧化为 Te 单质的不稳定化合物)常被用作碲的前驱体，这使得 CdTe 的合成必须在惰性气体的保护下才能进行[8, 11-13]。最近，Na_2TeO_3 和 $(NH_4)_2Te$ 也被用作碲的前驱体合成强荧光性质 CdTe 纳米晶[14-15]。然而，上述碲源不仅需要惰性反应体系，而且需要在惰性气氛下保存。否则，上述碲源将会被空气中的氧气自发氧化为碲单质[16-17]，这一现象已被研究组用来合成碲纳米棒[18]。从另一方面说，为了快速合成高质量 CdTe 纳米晶，在水浴加热方式的基础上，进一步发展了水热法[9]和微波加热法[12, 19-20]。例如，He 等人[20]通过微波加热法，成功合成出高质量 CdTe 纳米晶(荧光量子产率为 82%，半峰宽约为 27nm)。从保护剂的方面来说，各种硫醇，如 3-巯基丙酸、巯基乙酸、L-半胱氨酸、硫代苹果酸(MSA)和三肽—谷胱甘肽，都被选择用来合成高质量 CdTe 纳米晶[9-15, 19-20]。由于碲粉和 $NaBH_4$ 之间反应速度慢，没有文献报道用块体碲作为碲源，通过水相方法合成高质量 II–VI 纳米晶。

众所周知，由于纳米材料具有大的比表面积，拥有高化学反应活性，即纳米材料的四大效应中的小尺寸效应[21]。是否能用纳米结构碲作为碲源，通过水相合成路线得到高质量水溶性？本节中，笔者证明通过碲纳米棒与 $NaBH_4$ 之间的反应生成 NaHTe，然后所生成的 NaHTe 原位与 $CdCl_2$ 发生反应得到高质量 CdTe 纳米晶。与以前文献报道的水相路线采用 NaOH 来调节 pH 到碱性条件不同，本书中柠檬酸钠和 $NaBH_4$ 被用来调节溶液的 pH。此外，硫代苹果酸被用作保护剂，水热被用作加热方式。

3.1 室温自发氧化法制备硫属单质纳米棒

3.1.1 碲纳米棒

碲纳米棒的制备如下：2mmol Te 粉和过量 NaBH₄ 依次加入 2mL 水中。为了加快反应速度，上述反应液可以在 30℃下进行。反应过程中，反应器有个微小开口与外界相连，用来释放反应过程中产生的氢气。反应 30min 后，浅红色水溶液被转移到 100mL 水中，并进行磁搅拌。持续搅拌 30min 后，黑色固体沉淀在烧杯底部形成。最后，上层溶液倒掉，并将黑色沉淀转移到 100mL 水中，大气环境下保存，以备后用。为了提高碲纳米棒的分散性，可以加入十二烷基苯磺酸钠、柠檬酸钠等表面活性剂[18]。所涉及的反应如下：

$$Te(粉末) + NaBH_4 \rightarrow NaHTe \qquad (3-1)$$

$$2NaHTe + O_2(空气中) = 2Te(纳米棒) + 2NaOH \qquad (3-2)$$

通过 NaHTe 的自发氧化首先生成 Te 纳米颗粒。由于碲材料具有自发一维生长的特性，Te 纳米颗粒自发转化为 Te 纳米棒。在十二烷基苯磺酸钠表面活性剂（SDBS）的辅助下，所生成的 Te 纳米棒更均匀、长径比更大。图 3-1、图 3-2 分别为 Te 纳米棒的生成时各阶段 XRD、TEM 及 SDBS 的影响。

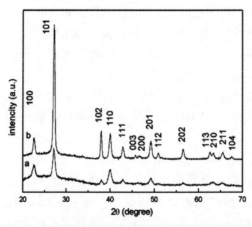

图 3-1 SDBS 辅助 NaHTe 自发氧化法制备 Te 纳米棒的 XRD 图中：A 是 0h，B 是 24h

图 3-2 Te 纳米棒的 TEM 中：A 是 SDBS 辅助下反应 24h，B 是无 SDBS，C 是 SDBS 辅助下反应 10h

3.1.2　Se/Te 合金纳米棒

制备过程与 Te 纳米棒的制备类似。首先将上述 Te 纳米棒与 Se 粉按照一定物质的量比值依次加入 NaBH₄ 水溶液中，反应生成 NaHE(E＝Se，Te)；然后将 NaHE 转移到 SDBS 水溶液中，通过水中溶解的 O₂，发生自发氧化反应，生成 Se/Te 合金纳米棒。所涉及反应如下：

$$E + 2NaBH_4 + 7H_2O = 2NaHE + Na_2B_4O_7 + 14H_2(\uparrow) \tag{3-3}$$

$$NaHE + O_2 = \alpha\text{-}E + 2NaOH \tag{3-4}$$

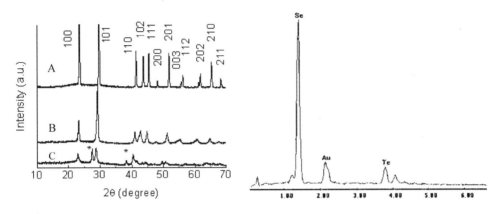

图 3-3　Se/Te 纳米棒的 XRD 和 EDS 图中：A 是反应物为纯 Se 粉，B 是 Se 粉/Te 粉摩尔比为 4，C 是 Se 粉/Te 粉摩尔比为 1；＊-衍射峰指标化为 t-Te

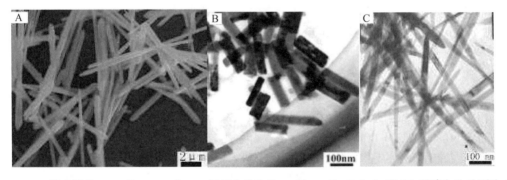

图 3-4　Se/Te 纳米棒的 SEM 和 TEM 中：A 是反应物为纯 Se 粉，B 和 C 中 Se 粉/Te 粉摩尔比分别为 4 和 1

由图 3-3 可知，当起始反应物中 Se/Te 摩尔比减小到 1，即 Te 含量增大时，t-Te 相出现。即为了得到 Se/Te 合金纳米棒，Te 含量不能大于 50%，否则会有杂质 Te 纳米棒单独出现。由图 3-4 可知，所制备的 Se/Te 合金均为纳米棒状结构。

3.2　Te 纳米棒为碲源制备 CdTe 量子点

3.2.1　水溶性 CdTe 量子点

典型的实验步骤如下：磁搅拌辅助下，CdCl₂(0.04M，4mL)，柠檬酸钠(0.45g)，硫代苹果酸(0.11g)，上述碲纳米棒的悬浮液(2mL)和过量硼氢化钠(约 0.2g)被依次加入 50mL 水中。持续搅拌 30min 后，12mL 上述 CdTe 前驱体溶液被转移至聚四氟乙烯反应釜(容积为

15mL)中。然后，上述反应釜被放置在 180℃ 鼓风干燥箱中反应不同时间，得到不同尺寸的 CdTe 纳米晶。每个反应釜都是在水的辅助下 3min 内快速冷却到室温。必须指出的是，每次取碲纳米棒悬浮液时，都要超声以便使碲充分分散在水中。作为一个对比实验，碲粉被用作碲源取代碲纳米棒进行反应(180℃ 下，反应 45min)。前述 CdTe 纳米晶(50mL，荧光发射波长在 670nm)水溶液被转移到 100mL 锥形瓶中。陈化 2 个月后，絮状物生成。为了除掉柠檬酸钠，上述絮状物用去离子水洗涤 3 次，得到红色荧光微米管。

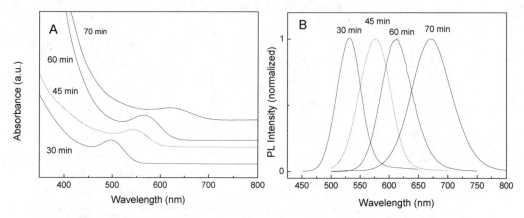

图 3-5　MSA 保护下的 CdTe 量子点的渐进吸收曲线(A)和光致发光曲线(B)

图 3-5 显示了所合成的 MSA 保护的 CdTe 纳米晶的紫外—可见吸收和光致发射(PL)光谱。如图所示，在 70min 内，CdTe 纳米晶的紫外—可见吸收谱从绿光调控到红光。随着反应时间从 30min 延长到 70min，紫外—可见吸收峰的位置将会从 497nm 红移到 620nm。与此同时，PL 峰的位置也将从 530nm 红移到 670nm。用罗丹明 6G 作为 PL 参照物，上述 4 个 CdTe 纳米晶的 PL 量子产率分别是 45%、30%、35%、36%。尽管已经报道用 NaHTe 作为碲源在 180℃ 下反应，其半峰宽比在 100℃ 水浴的要窄[9]，笔者目前所合成的 CdTe 纳米晶的半峰宽与杨等人的相比要宽，这可能归因于碲纳米棒与硼氢化钠之间的反应速度与 NaHTe 与 Cd^{2+} 之间的反应速度相比较慢所导致。从图 3-5 中 B 曲线可知，笔者所合成的 CdTe 纳米晶的 PL 半缝宽在 46nm(em=530nm)增加到 80nm(em=670nm)，这比以前文献所报道的以 NaHTe 为碲源的要宽。为了证明碲纳米棒的作用，以碲粉取代碲纳米棒做了对比试验。如图 3-6 反应后其荧光太弱用，肉眼难以观察到。另外，半峰宽也宽化到 90nm。

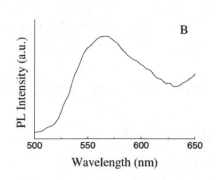

图 3-6　A 中左边是商品化 Te 粉(左)，右边是 Te 纳米棒为 Te 源所制备 CdTe 量子点的光致发光照片
(λ_{exc}=365nm)；B 是 Te 粉制备 CdTe 的光致发光曲线；制备条件：180℃，45min

本路线中，溶液 pH 是通过柠檬酸钠和硼氢化钠来调控的。当 CdCl₂ 和柠檬酸钠加入水中时，其 pH 为 7.40。当硫代苹果酸加入后，pH 减小为 5.02，此时溶液仍为澄清。当硼氢化钠继续加入后，CdTe 前驱体溶液的 pH 将会增加为 9.68。最后，水热处理后，CdTe 纳米晶溶液（em=530nm）的 pH 为 8.45。也就是说，在柠檬酸钠、硫代苹果酸、硼氢化钠的协同作用下，CdTe 前驱体溶液的 pH 可控制在 10 以下。如以前文献所报道，在 CdTe 纳米晶的表面 Cd²⁺–硫醇配合物的数量对其荧光性质起决定作用。量子产率也随溶液 pH 的降低而增加。根据上述机理，本路线所合成的 CdTe 纳米晶，由于其前驱体溶液具有较低的 pH 而具有高量子产率。

3.2.2 CdTe 量子点微米管

当 CdTe 纳米晶的悬浮液（em=670nm）陈化 2 个月，一些絮状物生成。如图 3-7 中 A 所示，在紫外灯（λ_{exc}=365nm）的照射下呈现出红色荧光。上述絮状物的荧光性质进一步用激光扫描共聚焦显微镜表征。如图 3-7 中 C 所示，上述絮状物为具有红色荧光的线状结构，其直径约为 1~2μm，长达几十微米。扫描电镜近一步证明上述絮状物为微米管，管壁厚约为 350nm。上述絮状物的成分通过能量分散谱（EDS）和 X 射线粉末衍射进行表征（图 3-8）。由 EDS 结果可知，絮状物的包含 C、O、Cd、Te 和硫。已有研究证明，硫来源于硫代苹果酸，通过光化学反应降解为 S²⁻，所生成 S²⁻ 进一步与 Cd²⁺ 结合生成 CdS[24]。X 射线衍射结果证明，其衍射峰与高等人所报道的基本一致，可以指标化为立方相 CdS，这可归因于絮状物中高的 S/Te 比。根据上述表征结果，红色荧光絮状物的可能形成机理如下：陈化过程中，柠檬酸钠衍生物（SCD）首先通过柠檬酸钠的酯化聚合反应生成。与此同时，MSA 保护的 CdTe 纳米晶自发的吸附在一维 SCD 的表面形成 CdTe 微米管，其形成机理与笔者研究组所报道的金微米管的形成机理类似[25]。也就是说，通过陈化柠檬酸钠保护的金纳米颗粒可以得到金微米管，其中柠檬酸钠起到关键作用。此外，通过陈化柠檬酸钠水溶液，可以得到白色絮状物。如图 3-7 所示，红外图谱证明其结构与柠檬酸钠基本一致，因此，笔者将上述白色絮状物命名为柠檬酸钠的衍生物（SCD）。SEM 图片（图 3-9）表明，上述白色絮状物是由微米管（直径约 1μm，长度约 50~100μm）组成，这进一步证明了红色荧光微米管形成机理。有关红色荧光微米管的详细形成机理须进一步开展研究。

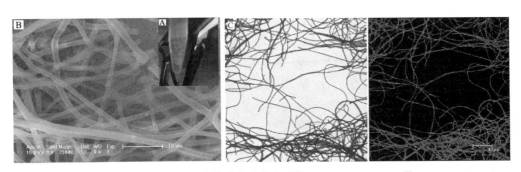

图 3-7 A 是红色荧光微米管的光致发光照片（λ_{exc}=365nm），B 是 SEM，
C 是荧光共焦图像（Ar，50mW，405nm）

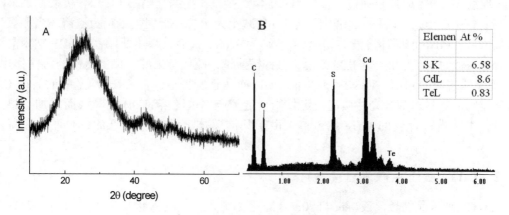

图 3-8　红色荧光微米管的 **XRD** 图(**A**) 和 **EDS** 图(**B**)

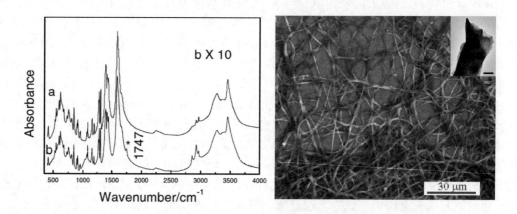

图 3-9　左图中 **A** 是纯二水和柠檬酸钠，**B** 是陈化柠檬酸钠水溶液所得白色絮状物(**SCD**) 的 **IR** ;
右图是相应 **SEM** ，内插图标尺代表 500nm

3.2.3　小　结

基于纳米材料的小尺寸效应，用碲纳米棒代替以前文献所常用的不稳定 NaHTe 为碲源，笔者发展了一条水热路线合成高质量的 MSA 保护的水溶性 CdTe 纳米晶[26]。通过水热反应，70min 内荧光颜色可以从绿色到红色调控。通过柠檬酸钠、硫代苹果酸和硼氢化钠的协同作用，CdTe 前驱体溶液的 pH 可以被控制在 10 以下，这使得我们路线所合成的 CdTe 纳米晶具有高的荧光性质。通过简单陈化 CdTe 纳米晶悬浮液(em=670nm) ，CdTe 纳米晶可以自发组装成具有红色荧光的微米管，柠檬酸钠衍生物起到关键作用。通过类似反应，所制备 Se/Te 合金纳米棒也可制备 CdTe/CdSe 量子点[27-28]。

参考文献

[1] Colvin V，Schlamp M，Alivisatos A. Light-emitting diodes made from cadmium selenide nanocrystals and a semi-conducting polymer[J]. Nature, 1994, 370(6488)：354-357.

[2] Bruchez M，Moronne M，Gin P，et al. Semiconductor nanocrystals as fluorescent biological labels[J]. Science, 2013, 281(5385)：2013-2016.

［3］ Peng X, Manna L, Wang W, et al. Shape control of CdSe nanocrystals［J］. Nature, 2000, 404(6773)：59-61.

［4］ Tang Z, Kotov N, Giersig M. Spontaneous organization of single CdTe nanoparticles into luminescent nanowires ［J］. Science, 2002, 297(5579)：237-240.

［5］ Achermann M, Petruska M, Kos S, et al. Energy-transfer pumping of semiconductor nanocrystals using an epitaxial quantum well［J］. Nature, 2004, 429(6992)：642-646.

［6］ Murray C, Norris D, Bawendi M. Synthesis characterization of nearly monodisperse Cd-E (E = sulfur, selenium, tellurium) semiconductor nanocrystallites［J］. Journal of the American Chemical Society, 1993, 115(19)：8706-8715.

［7］ Peng Z, Peng X. Formation of high-quality CdTe, CdSe, and CdS nanocrystals using Cd-O as precursor［J］. Journal of the American Chemical Society, 2001, 123(1)：183-184.

［8］ Rogach A, Katsikas L, Kornowski A, et al. Synthesis and characterization of thiol-stabilized CdTe nanocrystals ［J］. Physical Chemistry Chemical Physics, 1996, 100(11)：1772-1778.

［9］ Zhang H, Wang L, Xiong H, et al. Hydrothermal synthesis for high-quality CdTe nanocrystals［J］. Advanced Materials, 2003, 15(20)：1712-1715.

［10］ Gaponik N, Talapin D, Rogach A, et al. Thiol-capping of CdTe nanocrystals：an alternative to organometallic synthetic routes［J］. Journal of Physical Chemistry B, 2002, 106(29)：7177-7185.

［11］ Gong Y, Gao M, Wang D, et al. Incorporating fluorescent CdTe nanocrystals into a hydrogel via hydrogen bonding：toward fluorescent microspheres with temperature-responsive properties［J］. Journal of Materials Chemistry, 2005, 17(10)：2648.

［12］ Li L, Qian H, Ren J. Rapid synthesis of highly luminescent CdTe nanocrystals in the aqueous phase by microwave irradiation with controllable Temperature［J］. Chemical Communications, 2005, 36(4)：528-530.

［13］ Zhang H, Zhou Z, Yang B. The influence of carboxyl groups on the photoluminescence of mercaptocarboxylic acid-stabilized CdTe nanoparticles［J］. Journal of Physical Chemistry B, 2003, 107(1)：8-13.

［14］ Green M, Harwood H, Barrowman C, et al. A facile route to CdTe nanoparticles and their use in bio-labelling, J. Mater. Chem., 2007, 17, 1989-1994.

［15］ Bao H, Wang E, Dong S. One-pot synthesis of CdTe nanocrystals and shape control of luminescent CdTe-cystine nanocomposites［J］. Small, 2006, 2(4)：476-556.

［16］ Tang Z, Wang Y, Sun K, et al. Spontaneous transformation of stabilizer-depleted binary semiconductor nanoparticles into selenium and tellurium nanowires［J］. Advanced Materials, 2005, 17(3)：358-363.

［17］ Tang Z, Wang Y, Shanbhag S, et al. Spontaneous transformation of CdTe nanoparticles into angled Te nanocrystals：from particles and rods to checkmarks, X-marks, and other unusual shapes［J］. Journal of the American Chemical Society, 2006, 128(20)：6730-6736.

［18］ Zheng R, Cheng W, Wang E, et al. Synthesis of tellurium nanorods via spontaneous oxidation of NaHTe at room temperature［J］. Chemical Physics Letters, 2004, 395(4)：302-305.

［19］ Qian H, Dong C, Weng J, et al. Facile one-pot synthesis of luminescent, glutathione-coated CdTe nanocrystals water-soluble, and biocompatible［J］. Small, 2006, 2：747-751.

［20］ He Y, Sai L, Lu H, et al.. Microwave-assisted synthesis of water-dispersed CdTe nanocrystals with high luminescent efficiency and narrow size distribution［J］. Chemistry of Materials, 2007, 19(3)：359-365.

［21］ Swayambunathan V, Hayes D, Schmidt K, et al. Thiol surface complexation on growing cadmium sulfide clusters［J］. Journal of the American Chemical Society, 1990, 112(10)：3831-3837.

［22］ Gao M, Kirstein S, Mçhwald H, et al. Strongly photoluminescent CdTe nanocrystals by proper surface modification［J］. Journal of Physical Chemistry B, 1998, 102(43)：8360-8363.

［23］ Li L, Qian H, Fang N, et al. Significant enhancement of the quantum yield of CdTe nanocrystals synthesized in aqueous phase by controlling the pH and concentrations of precursor solutions［J］. Journal of Luminescence, 2006, 116(1)：59-66.

[24] Bao H, Gong Y, Li Z, et al. Enhancement effect of illumination on the photoluminescence of water-soluble CdTe nanocrystals: toward highly fluorescent CdTe/CdS core-shell structure[J]. Chemistry of Materials, 2004, 16(20): 3853-3859.

[25] Wang T, Zheng R, Hu X, et al. Templated assembly of gold nanoparticles into microscale tubules and their application in surface-enhanced Raman scattering[J]. Journal of Physical Chemistry B, 2006, 110(29): 14179-14185.

[26] Zheng R, Guo S, Dong S. Synthesis of CdTe Nanocrystals using Te nanorods as the Te source and the formation of microtubes with red fluorescence[J]. Inorganic Chemistry, 2007(46): 6920-6923.

[27] Zheng R, Guo X, Zheng K. Spontaneous oxidation route to Se/Te nanorods at room temperature[J]. Advanced Materials Research, 2011: 680-683.

[28] Dong S, Zheng R, Guo S. Nanostructured chalcogens[J], Encyclopedia of Nanoscience and Nanotechnology, 2011, 18: 523-548.

第4章 碳基纳米复合材料的超声雾化热解法制备及应用

碳基纳米复合材料由于耐溶剂性、大比表面积、导电性好等优异性能，在电泳显示器、锂离子电池、催化、生物医学等领域具有广泛的潜在应用前景，是当前材料领域的研究热点。本章主要采用超声雾化高温热解法，解决碳基纳米复合材料现有制备方法中存在的原材料成本高、环境不友好、过程繁琐、周期长、不易连续化规模化、普适性差等问题。通过选择不同碳源，制备几种不同形貌的新功能纳米复合材料，并对其进行了表征和应用研究。通过超声雾化热解法，选择柠檬酸钠、柠檬酸、葡萄糖作为碳源，相应水溶性金属离子为纳米材料前驱体，水为溶剂，制备出各种类型纳米复合材料，并初步将其应用在锂离子电池负极材料、电泳显示器黑色颜料(表4-1，图4-1)。

表 4-1 纳米材料的制备条件及应用

类型	碳源	金属离子	例子	应用
Rattle-type 碳中空球	柠檬酸钠	$SnCl_4$	Sn@ C	锂离子电池
		H_2PtCl_6	Pt@ C	
		$AgNO_3$	Ag@ C	
		$FeCl_2$	Fe–FeO@ C	
磁性碳中空球	柠檬酸	$FeCl_2$	Fe_3O_4–C	
黑色颜料微球	葡萄糖	$FeCl_2$	碳–氧化铁	电泳显示器
银多孔中空球		$AgNO_3$	银	

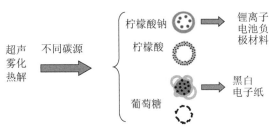

图 4-1 超声雾化热解法制备纳米复合材料的示意图

4.1 Rattle-type 中空碳球：一步、无模板合成及应用

Rattle-type 中空球的定义是：中空球的内部有一个或多个固态核，核与壳之间存在着中空的空间。这类纳米复合材料常表示为：A@ B，核(A)和壳(B)通常是由不同物质构成的。

常见的类型有：金属@二氧化硅、金属@碳、金属@氧化物、金属@高聚物、氧化物@碳、氧化物@二氧化硅等[1-4]。由于外壳的存在，避免了内部的核在实际应用过程中发生团聚，提高了稳定性。与中空球、核/壳球复合材料相比，这类材料的结构特点在于，内核与外壳之间存在足够大的空间，这就提供了许多潜在的应用。如内部的空间可作为微反应器，在核与壳之间的空间生成其他类型的功能材料。由于内核与外壳之间存在空间，可以装载更多生物分子，为更多的生物分子向核的表面扩散提供了更多的机会。由于核与核之间存在空间，为更多反应物分子向内部催化剂颗粒表面扩散提供了通道，因此提供了更多的催化活性点，表现出更高的催化活性。此外，外壳与内核之间的空间，可用来抵消内核在反应过程中所带来的巨大体积变化，这对提高锂离子电池的循环寿命是至关重要的。例如，已有文献证明，Sn@ carbon 作为锂电池的负极材料，其循环性能优于纯 Sn 纳米颗粒[5]。Pt@ carbon，也被 Ikeda 等人证明是高效、可循环使用的加氢反应(硝基苯)异相催化剂[3]。

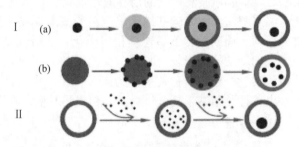

图 4-2 **Rattle-type 中空球的几种形式示意图**

对于 A@ B 复合材料而言，除了一些独特的合成方法[6]，其技术路线可概括分为以下两类(图 4-2)。一类是自内而外法(inner-outer)，核与壳是通过自内而外的方式依次生成[2,3,7]。即作为内核的材料 A 首先被合成出，然后在材料 A 的外面依次包覆上中间层和最外层。最后，通过溶剂溶解或高温烧结除去中间层，就可以得到 A@ B 纳米复合材料。例如，美国华盛顿大学的夏幼南研究组通过自内而外的方法(路线 Ia)合成出 Au@ polymer 复合材料[2]：一个聚合物中空球内包含一个金纳米颗粒。在此基础上，楼、万等人进一步发展了此方法(路线 I b)，将多个纳米颗粒作为内核封装在一个外壳内[4-5]。楼等人的合成路线包括三个步骤[4]：①在氨基功能化的聚苯乙烯(PS)球表面生成多个 Au 纳米颗粒；②在 PS@ Au 的表面形成二氧化硅层；③高温烧结除掉 PS 内核，得到内部封装多个 Au 纳米颗粒的二氧化硅中空球，即 Au@ SiO₂。另一类是自外而内法(outer-inner)，首先合成出中空球，然后在内部形成核，如图 4-2 中的路线 II[8-9]。通过以上方法，尽管各种 A@ B 纳米复合材料已经被成功合成出，但大多数路线都存在如下缺点：需要模板，多步反应，反应周期长，不适合连续、规模化生产。

本节介绍了一个普适、一步、无模板技术路线合成 M@ carbon 复合材料。本路线是通过超声雾化高温热解柠檬酸钠和相应金属盐的前驱体水溶液。与以前的合成路线相比，具有以下优点：①起始反应物是水、柠檬酸钠和相应水溶性金属盐，价廉、易得、绿色、环保；②合成路线普适，通过选择相应水溶性无机金属盐为前驱体，各种功能纳米材料，如 Sn、Pt、Ag 或者 Fe-FeO 等纳米颗粒均可以被封装在中空碳球内；③本路线不需要模板，核是通过内部的金属盐和柠檬酸钠反应形成相应纳米颗粒，柠檬酸钠被用作碳的前驱体生成碳壳；④由于采用超声雾化高温热解法[10-13]，本路线快速，可连续化、规模化生产；⑤通过调整金属盐的浓度，封装在内部的纳米颗粒的含量可以调控。最后，作为这类复合材料的初步应用，Sn

@carbon，作为锂电池的负极材料，表现出大容量和优良的循环性能。95 圈循环后，容量仍保持在 460mA·h/g，性能优于以纯碳或纯锡纳米材料为负极材料的锂电池。

4.1.1 实验部分

4.1.1.1 原材料与实验装置

柠檬酸钠、四氯化锡（$SnCl_4·5H_2O$）、氯化亚铁（$FeCl_2·4H_2O$）、氯铂酸（$H_2PtCl_6·6H_2O$）、硝酸银（$AgNO_3$）和氯金酸（$HAuCl_4$）均从北京化学试剂公司购买。所有化学药品都是分析纯，并且在使用前均未经过进一步纯化。超声雾化高温热解实验装置与 Suslick 研究组[10-13]的类似，由超声雾化器、管式炉、产物收集器等装置组成。

4.1.1.2 Rattle-type 中空碳球的合成步骤

以 Sn@carbon 复合材料的合成为例，具体实验步骤如下：柠檬酸钠（2.0g）和 $SnCl_4$（0.6g）依次加入去离子水（100mL），磁力搅拌辅助下配制成前驱体水溶液。超声雾化器（鱼跃牌）被用来雾化前驱体水溶液。在超声波的作用下，前驱体水溶液被雾化成球状小液滴，以氮气为载气，输送到石英管中。石英管放置在一管式炉（温度预先加热至 700℃）中。氮气流速为 2SLPM（标准升每分钟）。石英管另一端连接一装水的接收器。如果石英管的内径与长度分别为 2.5cm 和 100cm，前驱体溶液从雾化到收集在收集器内所需时间为 10s 左右，即反应周期约为 10s。离心分离，乙醇、水各洗涤 3 次，50℃干燥后，以备后面的表征。与此类似，用 H_2PtCl_6（0.6mL，0.02g/mL）、$AgNO_3$（0.1g）或 $FeCl_2$（0.15g）取代 $SnCl_4$（0.6g），其他条件保持不变，Pt@carbon、Ag@carbon 或 Fe-FeO@carbon 就可以分别得到。

4.1.1.3 锂离子电池的组装

锂离子电池是在充满氩气的手套箱（MBraun，Lab Master 130）内组装。工作电极是将 Sn@carbon（90wt%）、聚偏二氟乙烯（PVDF，5wt%）分散在 N-甲基吡咯烷酮（NMP），并添加炭黑（5%），涂覆在铜片上。然后上述铜片在真空下 100℃干燥 8h。金属锂片用作对极，$LiPF_6$（1M）溶解在碳酸乙烯酯（EC）和碳酸二甲酯（DMC）（体积比 1∶1）混合溶剂中，作为电解质，Celgard 2400 作为隔离膜。电池在 0.0~3.0V（vs. Li）之间循环。

4.1.1.4 表征手段

产品的形貌用 JEOL JEM-200CX 透射电子显微镜观察，工作电压为 200kV，采用明场方式。电镜观察所用样品用超声清洗机超声分散到无水乙醇中，以形成比较均匀的悬浮液。然后将悬浮液滴到铜网上，空气中搁置几分钟待溶剂挥发完全后备用。扫描电镜采用 Hitachi S-4300 扫描电子显微镜，样品的制备方法是将目标物的乙醇溶液滴在铝片或硅片上，室温干燥。产品的物相和纯度用 X 射线粉末衍射（XRD）进行了检查。仪器型号：Japan Regaku D/max γA X 射线衍射仪，X 射线源为石墨单色器滤波的 Cu-Kα 辐射（λ=1.54056Å），扫描速度为 0.02°/s，扫描方式为 θ~2θ 联动，2θ 扫描范围为 10~80°。

4.1.2 结果与讨论

4.1.2.1 Rattle-type 中空碳球的形成机理

图 4-3 阐明了本路线的可能形成机理。首先，通过超声雾化，前驱体水溶液被雾化成微米级球状液滴。其次，在氮气的输送下，上述小液滴被输送到放置在管式炉中已加热到指定温度的石英管内。从进料端到出料端，石英管的温度是先升高再降低，在中间部位温度最高。随着液滴由进料端向石英管中部移动，其温度慢慢升高。由于柠檬酸钠具有很强的还原性[14-15]，内部的金属离子将被还原成相应金属单质纳米颗粒。与上述生成的纳米颗粒相比，

水溶液中的自由柠檬酸钠分子的尺寸较小，可被看做小尺寸颗粒，而已生产的纳米颗粒为大尺寸纳米颗粒。

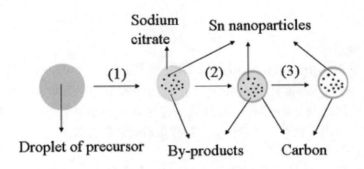

图 4-3 Rattle-type 中空碳球的形成机理

Iskandar 等人已经证明，以包含有二氧化硅纳米颗粒(尺寸为 109nm)的硝酸锆水溶液为前驱体，通过气溶胶热解法(280℃)，可以得到二氧化硅/二氧化锆核壳微球(大尺寸二氧化硅纳米颗粒被小尺寸二氧化锆纳米颗粒封装在内部)[16]。Iskandar 等人认为，随着水的挥发，由于液滴中的毛细作用，与大尺寸纳米颗粒相比，小尺寸纳米颗粒向液滴表面的移动速度更快，从而在液滴表面形成小尺寸颗粒富集的壳层，最终形成了大纳米颗粒为核、小纳米颗粒为壳的核壳微球，其形成机理如图 4-4 所示。

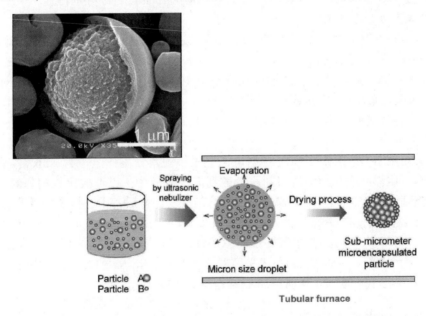

图 4-4 小尺寸纳米颗粒分别为核、壳的 SEM 及形成示意图[16]

与上述形成机理类似，随着水的挥发，由于毛细作用，自由的柠檬酸钠分子由于尺寸小，移动速度快，将会在液滴表面富集形成壳层，而已生成的纳米颗粒由于尺寸较大，移动速度慢，被封装在内部；随着温度进一步升高，柠檬酸钠壳层将被碳化为碳壳。当样品被输送到作为收集液的水中时，一些水溶性副产物如 NaCl、Na_2CO_3 等将被溶解在水中，形成 M@carbon 复合结构材料。如图 4-5 所示，尺寸约为一个微米的碳中空球可以通过超声雾化高温热解柠檬酸钠水溶液得到。此外，柠檬酸保护的金纳米颗粒与过量柠檬酸钠共存的水溶液为前驱体时，通过类似的操作，可以得到 Au@carbon，这进一步证明了，首先通过柠檬酸钠还原金属离子生成内核，然后通过碳化柠檬酸钠外壳形成碳外壳。因此，通过本章节的一步、无需模板的路线，可以将多种纳米颗粒，如 Sn、Pt、Ag、Fe-FeO 等纳米颗粒封装在中空碳球内，得到 M@carbon（M=Sn、Pt、Ag、Fe-FeO）纳米复合材料。

4.1.2.2 Sn@carbon 的形貌和物相

以 Sn@carbon 的合成为例，柠檬酸钠和 $SnCl_4$ 的水溶液为前驱体，通过超声雾化高温热解法成功合成出 Sn@carbon 纳米复合材料。如图 4-6 所示，XRD 衍射峰表明所得样品为四方相单质 Sn（JCPDS 04-0673），且检测不出其他杂质如 SnO 和 SnO_2 的特征衍射峰，说明所得样品不含锡的氧化物杂质。

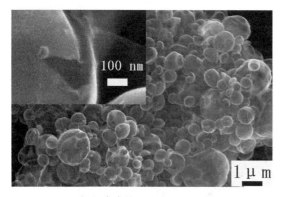

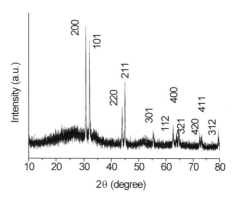

图 4-5　中空碳球的 SEM 照片：通过超声雾化高温热解柠檬酸钠水溶液

图 4-6　Sn@carbon 的 XRD 图

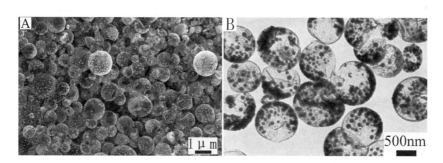

图 4-7　Sn@carbon 的 SEM(A) 和 TEM(B) 照片

通过 SEM 和 TEM 对 Sn@carbon 的形貌进行了表征（图 4-7）。由图 4-7 中 A 可知，Sn@carbon 是由尺寸为 0.5~1.5μm 的微球组成。个别球体在相临微球的挤压下，部分球体向内部凹陷，初步证明了其中空结构。多个尺寸小于 100nm 的纳米颗粒被封装在中空球的内部，这可以通过微球光滑的表面得到证明。TEM 照片（图 4-7 中 B）进一步证明了上述纳米颗粒被镶嵌在中空球的内部。中空球的壁厚约为 20nm。与中空球的外壳相比，Sn 纳米颗粒在 SEM 中呈现出亮点，而在 TEM 中呈现出暗点，这进一步证明所得纳米颗粒为金属（金属具有良好的导电性）。

4.1.2.3 Sn@carbon 的热重分析

Sn@carbon 的热重分析如图 4-8 所示。在 286℃之前，样品的质量是随温度的升高而降低，这可归因于样品中的水、羟基等成分的消失。而在 286~315℃，样品的质量随温度升高而增加，这是因为样品中的 Sn 单质被空气中的氧气氧化生成 SnO_2，这导致了样品的质量增加。在 315℃之后，随温度的升高，样品的质量迅速减小，这可归因于中空碳球被空气中的氧气在高温下氧化生成 CO_2 气体逸出，导致了

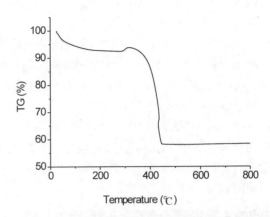

图 4-8 Sn@carbon 的热重分析，20~800℃空气中加热

质量减小。当温度升高到 448℃之后，样品的质量稳定在 58.3%，这时候可以近似认为样品中只存在 SnO_2。

热重分析过程中，Sn@carbon 将会发生如下化学反应：

$$Sn + O_2 = SnO_2 \tag{4-1}$$

$$C + O_2 = CO_2 \tag{4-2}$$

$$Sn\ wt\% = SnO_2\ wt\% \cdot (M_{Sn}/M_{SnO_2}) \tag{4-3}$$

根据式(4-3)，Sn@carbon 复合材料中的 Sn 含量为 46%。

因此，Sn 的含量可以通过式(4-3)求出，约为 46wt%。

4.1.2.4 温度对 Sn@carbon 的影响

当超声雾化热解的温度降低为 500℃，可以得到锡纳米颗粒的球状聚集体，碳外壳的厚度极薄。这进一步证明了上述形成机理的正确性(图 4-9)。首先，柠檬酸钠与 Sn^{4+} 发生还原反应得到锡纳米颗粒；然后，通过柠檬酸钠外壳的碳化生成碳外壳。由于热解温度较低(500℃)，因此碳壳厚度极薄。

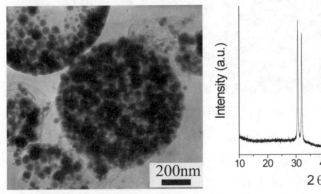
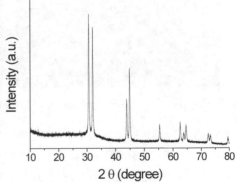

图 4-9 Sn@carbon 的 TEM 和 XRD，500℃进行超声雾化高温热解

4.1.2.5 Sn@carbon 中锡含量的调节

Sn@carbon 中锡的含量可以通过调整前驱体中 $SnCl_4$ 的浓度进行调节。当 $SnCl_4$ 的浓度调整到图 4-6 中样品的 0.2 倍时，每个中空碳球内封装的 Sn 纳米颗粒的数量明显减少(图 4-10)。TGA 分析表明，Sn 的含量约为 6%。当 $SnCl_4$ 的浓度增加到图 4-6 中样品的 2 倍时，

TGA 分析表明，Sn 的含量约为 62%。SEM 照片(图 4-10 中 B)表明，外部的碳壳有部分破损。

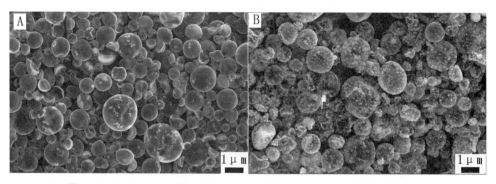

图 4-10　Sn@carbon 的 LSEM 中：A 是 0. 12g SnCl₄，B 是 0. 6g SnCl₄

4.1.2.6　Pt@carbon、Ag@carbon 和 Fe-FeO@carbon 的制备

通过上述技术路线，选择相应水溶性金属盐，其他功能材料如 Pt、Ag 或 Fe-FeO 等纳米颗粒也可以被成功封装在中空碳球内。XRD 衍射峰(图 4-11)表明，如果 H_2PtCl_6、$AgNO_3$ 或 $FeCl_2$ 用作金属盐，Pt(JCPDS 04-0802)、Ag(JCPDS 04-0783)或 Fe(JCPDS 85-1410)与 FeO(JCPDS 77-2355)混合相可以分别得到。TEM 和 SEM 照片(图 4-12)证明，多个 Pt(10nm)、Ag(30nm)或 Fe-FeO(100nm)纳米颗粒被成功封装在中空碳球内。

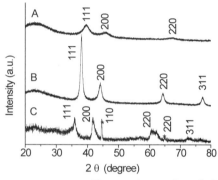

图 4-11　M@carbon 的 XRD 中：M 在 A 中为 Pt，B 中为 Ag，C 中为 Fe-FeO 纳米颗粒

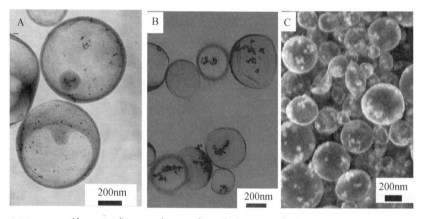

图 4-12　M@carbon 的 TEM 或 SEM 中：M 在 A 中为 Pt，B 中为 Ag，C 中为 Fe-FeO 纳米颗粒

4.1.2.7　Sn@carbon 作为锂电池负极材料的应用

自从 20 世纪 90 年代商品化的锂离子电池首次被应用到移动装置中来，锂离子电池由于其工作电压高、能量密度大、自放电小、循环性能好、工作温度范围宽、安全性能好等众多优点，广泛应用于移动电话、笔记本电脑、摄录机、照相机、便携式电动工具、电子仪表、武器装备，也可以作为电动汽车等的动力电池，被认为是在 21 世纪对国民经济和人民生活具有重要意义的高新产品。为进一步提高锂离子电池的性能，开发出能量密度大、循环性能好、

安全性高和成本低的锂离子电池,研究者们从材料的角度出发,设计制备出各种各样的电极材料。金属单质锡由于可以与锂形成 $Li_{4.4}Sn$ 合金,其可逆放电容量可达到 $992mA \cdot h/g$,几乎是常用锂离子电池负极材料碳($372mA \cdot h/g$)的 3 倍,因此引起了众多研究工作者的兴趣。然而,金属锡与锂在合金化/去合金化过程中,引起了体积的膨胀和收缩,锂嵌入时,其体积可以膨胀259%[17]。这种体积变化导致了锡基负极材料的粉化,使贮锂容量迅速降低,从而降低了锂离子电池的循环寿命。为了提高锡基负极材料的循环寿命,常将金属锡与其他具有高离子性和导电性的物质相复合,以便减小体积变化所带来的影响。分散在碳基质中的锡复合材料[18]和包埋在碳中空球的锡纳米颗粒复合材料[4-5],是两类已被证明的具有高容量和优异循环性能的锂离子电池负极材料。

作为 M@ carbon 的初步应用,笔者考察了 Sn@ carbon 作为锂电池负极材料的电化学性质。金属锂作为对极,$LiPF_6$-ethylene carbonate-dimethylcarbonate 作为电解质溶液,Sn@ carbon(46%)作为锂电池的负极材料,其电池的循环性能如图4-13所示。如以前的文献所证明,作为锂电池的负极材料,在最初的几圈充放电循环后,纯金属 Sn 纳米颗粒倾向于聚集成大颗粒,甚至粉末化以至于失去储锂性能[19]。95 圈充放电循环后,其容量仍高达 $460mA \cdot h/g$,优于石墨(一种商品化锂电池负极材料)的理论容量($372mA \cdot h/g$)。

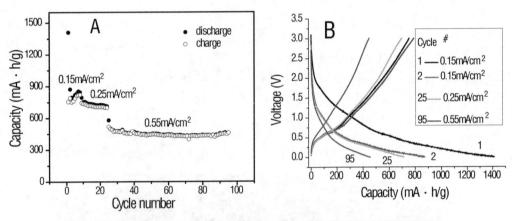

图 4-13　Sn@ carbon(46wt%,Sn)作为锂离子电池负极材料的容量循环
稳定性(A)和在不同电流密度下的容量(B)

Sn@ carbon 复合材料之所以具有高容量和优异循环性能,原因有:①外层碳壳的存在阻止了内部的 Sn 纳米颗粒在循环过程的聚集、粉化;②中空碳球和内部 Sn 纳米颗粒间的空间,抵消了 Sn 纳米颗粒在与锂合金化/去合金化过程中所引起的体积膨胀和收缩。

4.1.3　小　结

本节介绍了一条普适、一步、无需模板、快速、可连续化、规模化的技术路线,合成rattle-type 中空碳球,即 M@ carbon。多个纳米颗粒被封装在一个中空碳球内。

(1)本技术路线中,水作溶剂、柠檬酸钠作碳源、水溶性无机金属盐为内部纳米颗粒的前驱体,绿色、价廉、易得。本路线采用超声雾化高温热解法,与当前多步反应的路线相比,具有一步、快速、无模板、可连续化、规模化等优点。

(2)本技术路线普适。通过选择相应水溶性金属盐,可将多种功能纳米颗粒封装在中空碳球内,如 Sn、Pt、Ag 或 Fe-FeO 等。

(3)M@ carbon 可能的形成机理:①在柠檬酸钠的还原作用下,金属离子被还原成相应金属纳米颗粒；②由于毛细作用，水溶液中的自由柠檬酸钠分子倾向于在液滴表面聚集形成柠檬酸钠外壳，上述纳米颗粒被封装在内部；③柠檬酸钠外壳被进一步碳化为碳壳；④通过将水溶性副产物溶掉，得到 M@ carbon。

（4）内部纳米颗粒的含量可通过其前驱体，即金属盐的浓度来调控。例如 Sn@ carbon 中，Sn 的含量在 6% 到 62% 范围内可调。

（5）作为一个初步应用，Sn@ carbon 作为锂离子电池负极材料，95 圈充放电循环后，其容量仍高达 $460mA \cdot h/g$，优于石墨（一种常用商品化锂电池负极材料）的理论容量（$372mA \cdot h/g$）。这可归因于其独特的结构，碳外壳和内部 Sn 纳米颗粒间的空间，抵消了 Sn 纳米颗粒在与锂合金化/去合金化过程中所引起的体积膨胀和收缩，避免了负极的粉化。

4.2　四氧化三铁—磁性多孔中空碳球

由于密度低、比表面积大、多孔特性，以及在载药、药物缓释、生物分子提取、催化等领域的应用，多孔磁性中空球逐渐引起众多科研工作者的研究兴趣[20-23]。然而在实际应用中，如生物、催化等领域，磁性中空球需要良好的生物相容性、溶剂分散性、耐酸性及较高的饱和磁化强度。众所周知，四氧化三铁在溶剂中的分散性较差、易团聚（本身具有很高的剩磁）、易溶在酸性溶液中分解成铁离子，从而失去纳米磁性材料所特有的性能。为了满足上述实际应用中的需要，常常将磁性材料与有机分子（表面活性剂或高聚物）或无机材料（二氧化硅、二氧化钛、金属、碳等）等复合，从而对其表面进行功能化，提高了磁性材料的溶剂分散性、生物相容性、耐酸性[24-26]。与其他无机材料，如二氧化硅、金属等相比，碳具有较高的稳定性、较低的密度及较高的生物相容性[27-30]。因此，多孔磁性中空碳球的制备与应用已引起众多科学家的兴趣。

多孔磁性中空碳球的现有合成方法如下。碳磁性复合中空微球已通过下述实验方法合成出：离子交换树脂首先与 $K_3[Fe(C_2O_4)_3]$ 进行离子交换，然后通过在惰性气体保护下进行热处理得到磁性复合中空碳球[27]。值得指出的是，Fuertes 的研究组[31]设计出多步反应路线用于四氧化三铁—碳复合磁性中空球（四氧化三铁纳米颗粒被镶嵌在介孔中空碳球的介孔内）的合成。他们的实验步骤是：①实心核/介孔壳二氧化硅亚微球被用作牺牲模板，首先合成出介孔中空碳球；②将上述介孔中空碳球浸泡在硝酸铁的乙醇溶液中，磁搅拌 1h 后，氮气流下，60℃处理几个小时，将乙醇溶剂挥发除去；③氮气保护下，热处理使铁离子转化为四氧化三铁纳米颗粒。从上述实验步骤可知，他们的方法存在如下缺点：需要模板、多步操作、反应周期长、不适合大规模连续化生产。因此，发展一种快速、无需模板的技术路线来得到壳层内镶嵌有高密度四氧化三铁纳米颗粒中空碳球（MCHMs）是必需的。

作为一类快速、可连续化、规模化的生产工艺，超声雾化高温热解法（Ultrasonic Spray Pyrolysis，USP）已被广泛应用在工业生产和实验室中，来合成各种球状颗粒（如金属氧化物、硫化物和碳等）[12-13,32-34]。本节采用柠檬酸和氯化亚铁的水溶液作为前驱体，通过 USP 方法成功合成出四氧化三铁—碳磁性复合中空球。由于碳成分的存在，磁性复合中空球表现出一定耐酸性、溶剂分散性，在生物酶固定、水净化、DNA 的提取及催化领域有着潜在的应用[12,35-36]。

4.2.1 实验部分

4.2.1.1 原材料与实验装置

柠檬酸和氯化亚铁($FeCl_2 \cdot 4H_2O$)是从北京化学试剂公司购买。所有化学药品都是分析纯，并且在使用前均未经过进一步纯化。超声雾化高温热解实验装置与$Suslick^{[12-13,32,34]}$研究组的类似，由超声雾化器、管式炉、及产物收集器等装置组成。

4.2.1.2 磁性多孔中空碳球的合成步骤

具体实验步骤如下：①适量柠檬酸和氯化亚铁溶解在去离子水中，在磁搅拌的辅助下，配制成前驱体水溶液；各反应物浓度见表4-2；②超声雾化器（鱼跃牌），将上述前驱体溶液雾化成球状小雾滴；③在惰性气体的载送下，输送到已加热到700℃，放置在管式炉内的石英管反应器内；④在石英管的输出端，连接有水收集器，收集目标产物；⑤在磁铁辅助下分离目标产物，水、乙醇各洗涤3次，60℃干燥，以备后面表征。各实验参数见表4-2。如果石英管的内径与长度分别为2.5cm和100cm，前驱体溶液从雾化到收集在收集器内所需时间为10s左右，即反应周期约为10s。

表4-2 实验参数及产物形貌成分

样品	反应物和浓度		形貌	C/Fe 平均原子比
	$FeCl_2/(mol/L)$	柠檬酸/(mol/L)		
HC0	0.08		破碎的中空球	
HC1	0.08	0.4	中空球	34.1 : 65.9
HC2	0.56	0.4	中空球	38.1 : 61.9
HC3	柠檬酸铁饱和水溶液		中空球	

4.2.1.3 磁性多孔中空碳球的耐酸性实验

上述磁性多孔中空碳球(0.1g)分散在100mL盐酸水溶液(pH=1)中，室温静止10天，在磁铁辅助下分离目标产物，水、乙醇各洗涤3次，60℃干燥，以备后面表征。

4.2.1.4 磁性多孔中空碳球的表征方法

产品的物相和纯度用X射线粉末衍射(XRD)进行了检查。仪器型号：Japan Regaku D/max γA X射线衍射仪，X射线源为石墨单色器滤波的Cu-Kα辐射(λ=1.54056Å)，扫描速度为0.02θ/s，扫描方式为θ~2θ联动，2θ扫描范围为10~80°。产品的形貌用JEOL JEM-200CX透射电子显微镜观察，工作电压为200kV，采用明场方式。电镜观察所用样品用超声清洗机超声分散到无水乙醇中，以形成比较均匀的悬浮液。然后将悬浮液滴到铜网上，空气中搁置几分钟待溶剂挥发完全后备用。扫描电镜采用Hitachi S-4300扫描电子显微镜，样品的制备方法是将目标物的乙醇溶液滴在铝片或硅片上，室温干燥。紫外可见(UV-vis)吸收光谱采用JACSCO 570分光光度仪。振动样品磁性分析仪(VSM，LDJ-9600)测试样品的磁滞回线，在20kg外磁场下测量饱和磁化强度M_s与矫顽力H_c。样品重量为20mg，并进行精确测量。热失重测试采用美国TA公司的SDT2960 DTA-TGA热分析仪。充分干燥样品重量为10~20mg，用高纯度氮气保护，氮气流速100mL/min，TGA分析温度范围为室温升至800℃，升温速度为10℃/min。红外测试采用Nicolet magna-IR 750傅立叶红外(FTIR0分析测试仪，充分干燥后的样品与KBr粉末研细压制成片进行测试。

4.2.2　结果与讨论

4.2.2.1　磁性多孔中空碳球的形貌和物相

在目前的合成路线中,通过超声雾化器,将前驱体水溶液雾化成微米尺度的球状小雾滴。在氮气的输送下,球状小雾滴被输送到一根放置在管式炉内的石英管中,此时管式炉已被升温至一定温度。在石英管中,由于温度的升高,作为溶剂的水挥发掉,与此同时,前驱体将会发生反应,生成目标产物。在 USP 合成路线中,每个小雾滴都是一个单独的微反应器,保证了所得到的目标产物都保持球形[12-13]。选择氯化亚铁为四氧化三铁的前驱体,柠檬酸为碳的前驱体,水为溶剂,

图 4-14　样品 HC2 的全貌 SEM

通过超声雾化高温热解法,合成了碳—四氧化三铁磁性复合多孔中空磁性球。产物的形貌通过 SEM 和 TEM 进行了表征。如图 4-14 所示,样品 HC2 是尺寸为 1~3μm 的球状颗粒。少数颗粒具有开口,初步证明了所得样品的形貌是中空微球。

颜色较深的球壳及颜色较浅的球内部空间,进一步证明了其中空微球的形貌(图 4-15 中 A)。由图 4-15 中 A 可知,样品 HC2 主要由三种形貌构成:完整中空球(图 4-15 中 B)、双层碗(图 4-15 中 C)和泡沫状中空球(图 4-15 中 D)。高倍 TEM 照片(图 4-15 中 B、C、D)显示,高密度 Fe_3O_4 纳米颗粒(8~20nm)随机分布在中空球的壳层内。

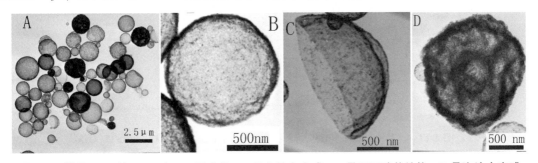

图 4-15　样品 HC2 的 TEM 中:A 是全貌,B 是完整中空球,C 是双层碗状结构,D 是泡沫中空球

为进一步证明,氧化铁纳米颗粒的尺寸及在碳壳内的分布,对样品 HC2 做如下处理。众所周知,氧化铁在酸中可溶解为铁离子而除掉,而碳与酸基本不反应。因此,四氧化三铁纳米颗粒在碳壳中的分布可以通过去除氧化铁纳米颗粒来证明。如图 4-16 所示,将样品 HC2 在浓盐酸中浸泡 12h,可以得到多孔碳中空球。碳壳中的孔径约为 10nm,随机镶嵌在碳壳内。假定去除一个氧化铁颗粒就产生一个孔,就可以证明:尺寸约为 10nm 的四氧化三铁纳米颗粒随机分布在碳壳内,这与 TEM(图 4-15)所得结果基本一致。

样品 HC2 的物相,通过 XRD 进行了表征。如图 4-17,

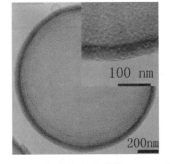

图 4-16　多孔中空碳球的 TEM:通过将样品 HC2 在浓盐酸中浸泡 12h

所有的衍射峰都可以指标化为面心立方相 Fe_3O_4(JCPDS file No. 48-1487)或立方相 γ-Fe_2O_3(JCPDS file No. 39-1346)。没有其他杂质,如非磁性氧化铁 α-Fe_2O_3 的特征峰出现。根据谢

乐公式，氧化铁纳米颗粒的尺寸约为 15nm，这一结果与通过 TEM 照片测量结果基本一致。如图 4-17 中 B 所示，样品 HC2 的 EDX 被用来进一步证明所得氧化铁是 Fe_3O_4 还是 $\gamma-Fe_2O_3$。当电子束集中在一个磁性复合中空球上时(图 4-17 中 C)，得到了 EDX。由图 4-17 中 B 可知，样品中至少包含碳、氧、铁三种元素。铁与氧的摩尔比为 31.82∶43.04，与 Fe_3O_4 的理论计算值(3∶4)基本一致。如果氧化铁是以 $\gamma-Fe_2O_3$ 存在，其比值应该接近 2∶3。因此可以得出结论：氧化铁是以面心立方相 Fe_3O_4 的物相存在。硅元素可归结为做 EDX 表征时所用硅样品台。另外，磁性中空球中也应该存在着氢元素(现有手段难以检测)，这已经被 Suslick 的研究工作所证实[13]。

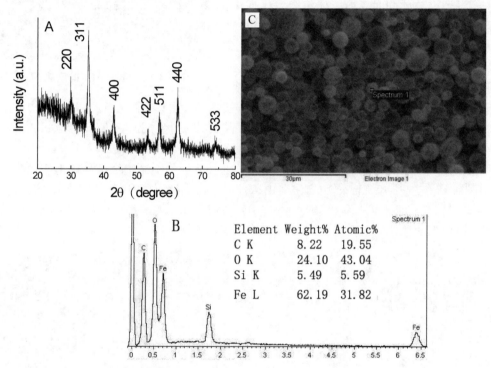

Element Weight% Atomic%
C K   8.22   19.55
O K   24.10   43.04
Si K   5.49   5.59
Fe L   62.19   31.82

图 4-17 样品 HC2 的 XRD(A)和 EDX(B)及用来采集 EDX 的 SEM(C)

4.2.2.2 磁性多孔中空碳球的热重分析

热重分析(TGA)被用来证明氧化铁的物相及氧化铁的含量。众所周知，在高温空气环境下，碳将被氧化为二氧化碳气体从样品中脱离，这导致了样品的质量随温度升高将会降低。如果样品中存在的是 $\gamma-Fe_2O_3$ 相，在空气中加热时，仅转化为 $\alpha-Fe_2O_3$ 相，氧化铁的质量将不会发生变化。TGA 曲线将会随温度的升高一直下降。如果样品中存在的是 Fe_3O_4(简化为 $FeO_{4/3}$，摩尔质量为 77.2g/mol)相，在高温空气环境下，将会被氧化为 $\alpha-Fe_2O_3$(简化为 $FeO_{3/2}$，摩尔质量为 79.8g/mol)相，这将导致氧化铁的质量增加。因此，样品的 TGA 曲线将会在一定

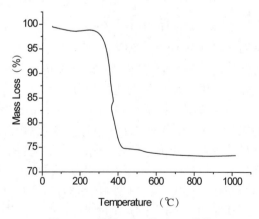

图 4-18 样品 HC2 的 TGA 曲线

温度范围内出现上升的区间。如图 4-18 所示，在 182~280℃内，样品的质量不仅不降低反而略有增加，这进一步证明了样品中氧化铁的物相为四氧化三铁。由 TGA 曲线可以计算出，四氧化三铁在样品 HC2 中的质量百分比约为 71%，说明四氧化三铁纳米颗粒在碳壳内是高密度分布的，与图 4-15、图 4-16 的 SEM 照片是一致的。

4.2.2.3 磁性多孔中空碳球的多孔性

通过氮气吸附等温线，样品 HC2 的多孔特性也做了研究。由图 4-19 中 A 可知，BET（Brunauer-Emmett-Teller）比表面积为 36.4m²/g。如图 4-19 中 B 所示，样品 HC2 的孔径分布在 2~6nm（2.6nm 和 4.0nm 两个主要的孔径分布范围）。BJH（Barett-Joyner-Halenda）脱附平均孔径尺寸为 7.0nm，单点（p/p^0）吸附总体积为 0.083cm³/g。因此，可以得出如下结论：此磁性中空球具有多孔特性，这为其在生物、催化等领域的应用提供了可能。

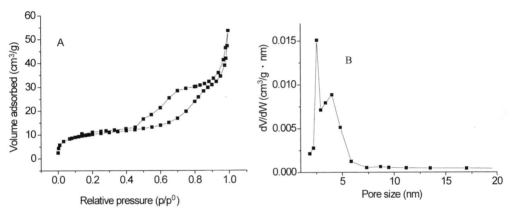

图 4-19 样品 HC2 的氮气吸附等温线（A）和孔径分布（B）

4.2.2.4 磁性多孔中空碳球的可能形成机理

为了研究磁性多孔中空碳球的形成机理，笔者设计了如下对比实验。如果保持其他条件不变，仅用柠檬酸水溶液作为前驱体，则没有黑色产物生成，即没有碳材料生成。如果只用氯化亚铁水溶液作为前驱体（HC0），只有砖红色产物生成，SEM 照片表明，其形貌为破碎的中空球。如果用柠檬酸铁的饱和水溶液作为前驱体（HC3），所得样品为黑色产物。SEM 照片证明，其形貌与样品 HC2 的类似。如表 4-2 所示，如果将氯化亚铁的浓度从 0.56mol/L（样品 HC2）减小到 0.08mol/L（HC1），其他实验条件保持不变，所得到的磁性复合中空球的 C/Fe 原子比值与样品 HC2 的差别不大。从以上实验结果，可以推断，碳和 Fe_3O_4 都是通过柠檬酸与铁的配合物（柠檬酸与氯化亚铁直接配位生成）的热解生成的。

基于以上结果，磁性复合中空碳球的可能形成机理如图 4-20 所示。①随着温度的升高，作为溶剂的水逐渐挥发，这导致了在水中溶解度低的溶质倾向于在球状雾滴的表面析出。与自由柠檬酸分子相比，柠檬酸铁配合物的溶解度更小，这导致了柠檬酸铁配合物在球状液滴表面形成固体外壳。②随着球状液滴的温度进一步升高，柠檬酸铁配合物外壳将会发生热分解反应，生成四氧化三铁和碳。内部的柠檬酸将不会发生碳化反应。③当产物被氮气输送到收集液中（水为收集液）时，目标产物内部未反应的物质将溶解在水中，形成了中空结构。由于每个球状液滴都是一个独立的微反应器，最终产物的形貌也是球形的。至于泡沫状球形产物(图 4-15 中 D),则是由于在热解反应中气体产物的生成(如 CO_2 和 H_2O 等)。

4.2.2.5 磁性多孔中空碳球的磁性能

磁性多孔中空碳球的磁性能通过振动探针式磁强计进行了测试。如图 4-21 所示,样品 HC2 呈现出铁磁性:饱和磁化强度(M_s)为 48.2emu/g,剩磁(M_r)为 9.2emu/g,矫顽力(H_c)为 173Oe。饱和磁化强度低于块体 Fe_3O_4(92emu/g)的原因在于 Fe_3O_4 纳米颗粒的尺寸太小及非磁性物质——碳材料(29wt%)的存在。

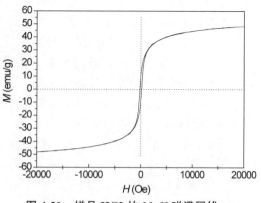

图 4-21 样品 HC2 的 M–H 磁滞回线

4.2.2.6 磁性多孔中空碳球的耐酸性

为了考察磁性多孔中空碳球的耐酸性,室温下,在过量盐酸水溶液(pH=1)中浸泡样品 HC2。如图 4-22 中 A 所示,酸浸泡 10 天后,其 M_s、M_r、H_c 分别为 35.9emu/g,2.1emu/g 和 34Oe。与酸处理前的磁滞回线相比,剩磁和矫顽力都减小很多,表现为准超顺磁的特性。TEM 照片(图 4-22 中 B)进一步证明,经过酸处理,大部分四氧化三铁纳米颗粒仍镶嵌在碳壳内。样品 HC0(没有碳存在的氧化铁)将会慢慢溶解在盐酸水溶液(pH=1)中。因此,此磁性多孔中空碳球具备一定的耐酸性。

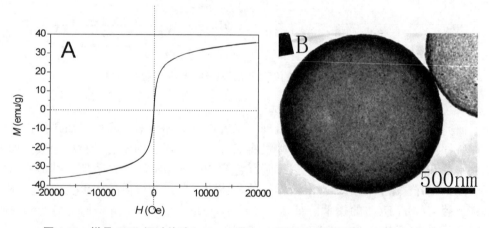

图 4-22 样品 HC2 经过盐酸(pH=1)浸泡 10 天后的磁滞回线(A)和 TEM(B)

4.2.2.7 磁性多孔中空碳球的红外光谱及溶剂分散性

傅里叶变换红外光谱仪(FTIR)被用来表征磁性多孔中空碳球的表面性质。纳米材料表面官能团的类型决定了其在各种溶剂中的分散性,而在溶剂中的分散性进一步决定了它们在各种领域的应用前景。如图 4-23 中 A 所示,在 1000~3500cm^{-1} 波谱范围内的谱图与经过水热合成得到的碳球的谱图类似[37]。波谱位置在 3400cm^{-1} 和 1625cm^{-1} 可分别指标化为 O–H 和 C=C 键。1000~1400cm^{-1} 波谱则可以指标化为 C–OH 的拉伸振动和 O–H 的弯曲振动。位置在 2925cm^{-1} 和 2855cm^{-1} 可以归因于 C–H(sp^3),是强于纯碳球的谱图,而 1700cm^{-1}(C=O)则几乎消失,这可归结于高碳化温度(700℃),这直接导致了更完全的碳化。位置在 570cm^{-1} 波谱则可以归结为 Fe_3O_4,这与 XRD 的结果一致。由上述 FTIR 结果可知,在磁性复合中空球的表面存在 OH、C=C、C–H 等官能团,这使得此磁性复合中空球在极性和非极性溶剂中都可以分散。如图 4-23 中 B,样品 HC2 可以分散在乙醇、甲醇(极性溶剂)和四氯乙烯(非极性溶

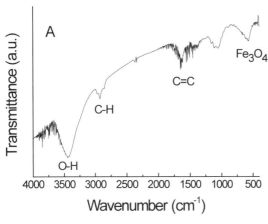

图 4-23 样品 HC2 的 FTIR 曲线(A)及在各种溶剂中的分散性(B)

剂)中。

4.2.3 小 结

为解决磁性纳米颗粒的溶剂分散性和耐酸性,本节首次设计了一条快速、无模板的技术路线,以柠檬酸与氯化亚铁的水溶液为前驱体、合成出磁性多孔中空碳球。主要结论如下:

(1)本路线所用前驱体为柠檬酸、氯化亚铁及水,原材料绿色、价廉、环保、易得;与 Fuertes 研究组的技术路线相比,由于采用超声雾化高温热解法,本路线一步、快速、无需模板、可连续化和规模化生产。

(2)四氧化三铁纳米颗粒(8~20nm)随机分布在多孔中空碳球的壳层内,中空碳球的尺寸约 1~3μm。四氧化三铁纳米颗粒在磁性多孔中空碳球内的含量高达 71%,饱和磁化强度为 48.2em/g,均优于现有文献的结果。

(3)FTIR 结果表明,磁性多孔中空碳球的表面存在 OH、C=C、C-H 等官能团,因此可分散在多种溶剂(乙醇、甲醇、四氯乙烯等)中,拓宽了其应用范围。

(4)由于碳的保护,磁性多孔中空碳球表现出优异的耐酸性。盐酸水溶液(pH=1)中浸泡 10 天后,其 M_s、M_r、H_c 分别为 35.9emu/g,2.1emu/g 和 34Oe。

(5)在磁性复合中空碳球的表面存在大量中孔(孔径分布在 2~6nm),即为多孔磁性复合中空碳球,拓宽了其在催化、生物、水净化等领域的应用。

(6)本路线可以用来合成壳层内镶嵌其他功能纳米材料的多孔中空碳球。

4.3 密度可调碳基黑色颜料及在电子纸中的应用

电子纸,又称电泳显示器,是一种超轻、超薄的显示屏,表面看起来与普通纸张十分相似,可以像报纸一样折叠起来,其最终目标是作为普通纸张的替代品[38-42]。利用印刷技术将电子墨水涂覆在柔性基材上,就可以组装成电子纸。由于它是通过反射自然光而显示,因此可以实现柔性显示、零功率保持图像、对人的视觉刺激柔和且具有较高的反射率和对比度。另外,由电子墨水制成的电子书或电子报纸可以与互联网连接,因此信息的更新可由遥控自动改变;一页电子纸显示仅耗电 0.1W,只有相应尺寸的液晶显示器所需功率的 1/10~1/1000,且可以保持图像达数周;电子墨水显示可以使用现有的丝网印刷技术打印到任何基体上,因此可以进行大规模的生产;电子纸的生产工艺成本低于液晶显示器,足以同现今传统的 LCD 工艺竞争；电子纸显示技术具有节约能源、无废热散发、无电磁辐射、节约纸张等工业原材料的优点。

电子墨水（encapsulated electrophoretic ink）是美国麻省理工学院媒体实验室于 2001 年提出的，是一种墨水状的悬浮物，在不同极性电压下，呈现出不同的稳定状态，可以实现可逆、双稳态、柔性显示。电子墨水通常是由电泳颗粒、电泳液、分散剂等组成。其中，最重要的组成部分是电泳颗粒。理论上，电泳颗粒的密度需要与电泳液的密度相匹配，可长时间悬浮在电泳液中[43-44]。因此，在外加电场的作用下，可在两电极间往复运动，实现可逆的双稳态。

目前文献和专利中常用的黑色电泳颗粒为分散在液体石蜡中的黑色染料、包覆有黑色颜料（苏丹黑 B）的聚合物球、亚铬酸铜黑色颗粒（为降低密度，表面包有二氧化硅层和高聚合物层）[45-46]。炭黑作为一种重要的黑色颜料，被广泛用在油墨、油漆及电子显示领域。然而，在实际应用中存在以下问题：分散性差，密度（$0.8g/cm^3$）与电泳液密度（$1.71g/cm^3$）不匹配，从而导致颜料颗粒不能长期悬浮在电泳液中，影响了显示效果[44]。本路线采用"掺杂—腐蚀"的设计思路：首先将高密度化合物（如氧化铁）与碳形成复合材料，然后再通过酸处理调整复合材料的密度。通过上述路线，得到了密度可调（$1.5~2.2g/cm^3$）的黑色电泳颗粒，基本满足了黑白电泳显示器的需要。操作步骤可概括如下：①采用超声雾化高温热解法，得到了氧化铁/碳 核壳黑色颗粒；②通过浓盐酸浸泡，选择性的将部分氧化铁除掉，进一步调节了黑色颗粒的密度。该路线不仅快速、可连续化和规模化合成，而且在不加任何分散剂的情况下，在四氯乙烯（一种常用电泳液，密度为 $1.62g/cm^3$）中分散性良好。以此为黑色电泳颗粒，二氧化钛为白色电泳颗粒，四氯乙烯为电泳液，组装成黑白电子纸，在±3V 电压作用下，"IPC"三个字母可在黑白两色间相互转换。

4.3.1　实验部分

4.3.1.1　原材料与实验装置

氯化亚铁（$FeCl_2$）、葡萄糖、浓盐酸（12mol/L）、二氧化钛、DISERBYK-161 等都是商品化产品，未经过进一步处理。超声雾化热解设备与 Suslick 研究组的设备类似[12-13,33,47]，由超声雾化器、管式炉、产物收集器等装置组成。

4.3.1.2　碳—氧化铁黑色微球的制备

实验步骤如下：葡萄糖和 $FeCl_2$ 依次加入去离子水中配成前驱体溶液（表 4-3）。超声雾化器（鱼跃牌）被用来将前驱体水溶液雾化成小液滴，以氮气为载气，输送到石英管中。氮气流速为 2SLPM（标准升每分钟）。石英管放置在一管式炉（温度预先加热至 700℃）中。石英管另一端连接一装水的接收器。如果石英管的内径与长度分别为 2.5cm 和 100cm，前驱体溶液从雾化到收集在收集器内所需时间为 10s 左右，即反应周期约为 10s。离心分离，乙醇、水各洗涤 3 次后，黑色颗粒 50℃干燥，以备后面的表征。

表 4-3　反应物浓度对产物形貌和组分的影响

样品	试剂和浓度		形貌	C/Fe 原子比值 [a]
	$FeCl_2$/（mol/L）	葡萄糖/（mol/L）		
SG1	0.08	0.5	光滑表面实心球	66.5：33.5
SG2	0.32	0.5	粗糙表面实心球	
SG3	0.8	0.5	多泡状实心球	75.1：24.9

注：a，C/Fe 的平均原子比是通过 EDS 测试。

4.3.1.3　碳—氧化铁黑色微球的密度调整

为了调整其密度，上述黑色颜料被浸泡在浓盐酸中一定时间，然后磁铁富集分离，水与乙醇各洗涤 3 次后，50℃干燥，以备后面的表征。密度测量是通过比重瓶的方法。

4.3.1.4　黑白电泳显示器的组装

经酸处理 1h 后的黑色颗粒（0.05g/mL）、二氧化钛（0.1g/mL），DISERBYK-161（0.01g/mL）作为分散剂，配置成电子墨水。两片 ITO 玻璃（3.0cm×7.0cm）密封出 75μm 厚的电泳池，"IPC"电极通过光刻的办法制备。Keithley 230 为直流电源。

4.3.1.5　表征手段

产品的形貌用 JEOL JEM-200CX 透射电子显微镜观察，工作电压为 200kV，采用明场方式。电镜观察所用样品用超声清洗机超声分散到无水乙醇中，将所形成均匀的悬浮液滴到铜网上，空气中搁置几分钟待溶剂挥发完全后备用。扫描电镜采用 Hitachi S-4300 扫描电子显微镜，样品的制备方法是将目标物的乙醇溶液滴在铝片或硅片上，室温干燥。产品的物相和纯度用 X 射线粉末衍射（XRD）进行了检查。仪器型号：Japan Regaku D/max γA X 射线衍射仪，X 射线源为石墨单色器滤波的 Cu-Kα 辐射（λ=1.54056Å），扫描速度为 0.02°/s，扫描方式为 θ~2θ 联动，2θ 扫描范围为 10~80°。红外测试采用 Nicolet magna-IR 750 傅立叶红外（FTIR0）分析测试仪，充分干燥后的样品与 KBr 粉末研细压制成片进行测试。

4.3.2　结果与讨论

4.3.2.1　黑色颜料的形貌和物相

超声雾化高温热解法[12-13]，一条快速、一步、可连续化、规模化的合成路线，被用来合成碳—氧化铁复合黑色颗粒。葡萄糖和氯化亚铁的水溶液被用作前驱体溶液，在超声波的作用下雾化成球形雾滴。氮气为载气，将上述球形雾滴输送到放置在管式炉内的石英管内（已升温至指定温度）。在石英管内，球形雾滴内的葡萄糖被碳化生成碳，氯化亚铁氧化生成氧化铁。氮气的输送下，在盛满水的收集液中收集得到球状碳—氧化铁黑色颗粒。如图 4-24 所示，当葡萄糖和 $FeCl_2$ 的浓度分别为 0.5mol/L 和 0.8mol/L 时，样品 SG3 的形貌尺寸为 0.5~3μm 的微球，其表面呈现出两种类型：多泡状表面及粗糙表面。即一些微球的表面由泡沫状碳壳组成，另外是由粗糙表面组成。微球的表面颜色较浅，主要成分是碳，而内部颜色较深则表明氧化铁含量比较高。

样品 SG3 的物相通过 XRD 进行了表征。如图 4-24 中 C 所示，所有的衍射峰均可以指标化为面心立方相 Fe_3O_4（JCPDS file No. 48-1487）和六方相 α-Fe_2O_3（JCPDS file No. 33-0664），这证明了样品 SG3 中氧化铁的晶型是 α-Fe_2O_3 和 Fe_3O_4 的复合相。从 XRD 图上，看不出碳的特征峰存在，这说明黑色颜料中的碳是无定型结构。

4.3.2.2　黑色颜料的表面官能团

FTIR 对样品 SG3 的表面官能团进行了表征（图 4-24 中 D）。在 1000~3500cm^{-1} 波谱范围内，吸收峰与通过水热处理葡萄糖水溶液所合成碳球的类似[37]。波谱位置为 3400cm^{-1} 和 1625cm^{-1} 可以分别指标化为 O-H 和 C=C 官能团。1000~1400cm^{-1} 波谱可以指标化为 C-OH 官能团的拉伸振动和 OH 的弯曲振动。C-H（sp^3 杂化），波谱位置在 2855cm^{-1} 和 2955cm^{-1}，比水热法合成的碳球的波谱强度大，而 1710cm^{-1}（C=O）则基本消失[48]。这一反常现象可以归结于较高的反应温度（700℃），这导致了样品 3 碳化程度更彻底。在 500~700cm^{-1} 范围内的三个波谱（455cm^{-1}，535cm^{-1}，570cm^{-1}）可以指标化为 Fe_3O_4 和 Fe_2O_3 的特征吸收，这与 XRD 结果是一致的。

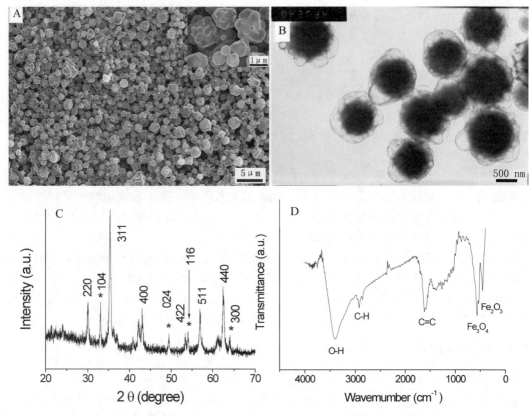

图 4-24　黑色颜料颗粒 SG3 的 SEM(A)、TEM(B)、XRD(C)、FTIR 谱(D)，
＊标注的衍射峰可以指标化为 α-Fe₂O₃

4.3.2.3　氯化亚铁浓度对黑色颜料尺寸的影响

黑色颜料颗粒的尺寸可通过调整 $FeCl_2$ 的浓度调控。如以前的文献[16-19]所报道，超声雾化高温热解合成路线中，经超声雾化后，前驱体水溶液被雾化成尺寸为微米级的球形雾滴。在热的石英管内，每个小雾滴都是一个单独的微反应器，一方面保证了最终产物形貌均为类球形，另一方面可以通过调整前驱体浓度调整最终产物的尺寸。如图 4-25 所示，如果保持其他反应条件不变，当 $FeCl_2$ 的浓度由 0.8mol/L 分别减小到 0.08mol/L 和 0.32mol/L 时，黑色颜料的尺寸可以分别调整到 0.3~1.5μm(微球表面光滑)和 0.5~3μm(微球表面粗糙)。

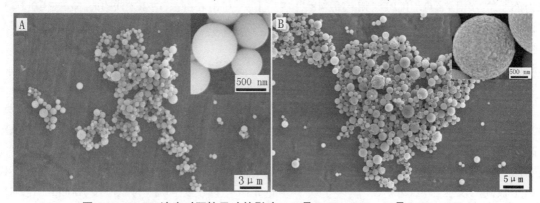

图 4-25　$FeCl_2$ 浓度对颗粒尺寸的影响，A 是 0.08mol/L，B 是 0.32mol/L

4.3.2.4　黑色颜料的形成机理

黑色颜料可能的形成机理如图 4-26 所示。首先，在铁离子的催化下[49-50]，内部填充 Fe^{2+} 或 Fe^{3+} 的碳纳米颗粒形成；随着温度进一步升高，内部的铁离子氧化生成氧化铁纳米颗粒，与此同时在氧化铁的催化下[49]，更多的碳在氧化铁纳米颗粒表面生成；随着反应时间进一步延长，通过葡萄糖的碳化，在已经生成的氧化铁纳米颗粒周围将会形成更多的碳。当前驱体中 $FeCl_2$ 的浓度低时，黑色颜料颗粒呈现出光滑表面(图 4-25 中 A)，氧化铁纳米颗粒随机分布在碳球内部。当前驱体中 $FeCl_2$ 的浓度增加(0.32mol/L)时，氧化铁纳米颗粒将会聚集在一起，形成富氧化铁纳米颗粒的内核。在已生成的氧化铁纳米颗粒的催化作用下[22]，葡萄糖在其周围继续碳化形成碳层外壳(图 4-25 中 B)。当前驱体中 $FeCl_2$ 的浓度进一步增加到 0.8mol/L 时，氧化铁纳米颗粒核催化葡萄糖发生碳化反应，生成的气体物质，如 CO_2 和水蒸气将会形成泡沫状黑色微球(图 4-24)。

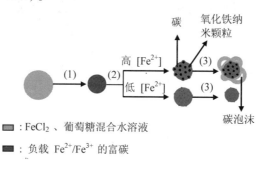

碳　　氧化铁纳米颗粒

高 $[Fe^{2+}]$

低 $[Fe^{2+}]$

碳泡沫

■ : $FeCl_2$、葡萄糖混合水溶液

■ : 负载 Fe^{2+}/Fe^{3+} 的富碳

图 4-26　黑色颜料颗粒的可能形成机理

4.3.2.5　黑色颜料颗粒的密度调整

由上述讨论可知，在黑色颜料颗粒的表面存在 O-H，C-H，C=C 等官能团，因此，在非极性溶剂如四氯乙烯中具有良好的分散性(图 4-27 中 A)。样品 SG3 的密度通过比重瓶测量，测量温度约为 25℃，密度为 2.2g/cm³。因为电泳显示器常用电泳液是四氯乙烯，其密度约为 1.62g/cm³，远小于样品 SG3 的密度。因此，可通过酸处理来进一步调整黑色颜料的密度。碳在酸性溶液中(如浓盐酸)中是不溶的，但是氧化铁在酸中会溶解生成铁离子，从而与黑色颜料分离，使得黑色颜料的密度降低。将样品 SG3 分散在浓盐酸(12mol/L)中，如果浸泡时间分别为 1h 和 12h，其密度可以从 1.7g/cm³ 调整到 1.5g/cm³。在四氯乙烯中的稳定性，证明了黑色颜料的密度可以通过酸处理调整。不经过酸处理，样品 SG3 在 1h 内将沉淀在底部。酸处理 12h 后，静止 1h 后则会浮在四氯乙烯表层。如果酸处理 1h，则可在四氯乙烯中悬浮 10h 以上(图 4-27A 中间)。TEM 也证明，经酸处理，氧化铁纳米颗粒的含量减少了。

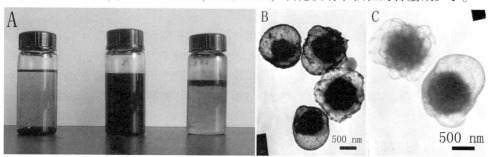

图 4-27　经浓盐酸浸泡样品 SG3，A 是在四氯乙烯中静止 1h 后的照片：自左向右浓盐酸浸泡时间分别为 0h、1h、12h，B 是 1h 后的 TEM 照片，C 是 12h 后的 TEM 照片

4.3.2.6 黑白电泳显示器

利用其在四氯乙烯中的稳定性和分散性，黑色颜料颗粒被用作黑色电泳颗粒，二氧化钛为白色颗粒，DISERB YK-161 为分散剂，配置成电泳液。然后将上述电泳液注入电泳池[75μm(t)7cm(w)3cm(l)]内，组装成黑白电泳显示器。如图 4-28 所示，施加+3V 电压，黑色颗粒向下运动，白色"IPC"就可以显现出来。电压切换到-3V 时，黑色电泳颗粒向上运动，黑色"IPC"将会显现。通过切换电压极性，"IPC"就可在黑白两色间切换[51]。

图 4-28　黑白两色电脉显示器，施加电压为±3V

4.3.3　小　结

为解决黑白电泳显示器领域中，碳基黑色颜料与电泳液密度不匹配的问题，本节设计了一条"掺杂—腐蚀"的新技术路线，合成出密度可调的氧化铁—碳黑色颜料，并成功应用在黑白电子纸领域。主要结论如下：

（1）采用超声雾化高温热解法，发展了一步、快速、可连续化和规模化合成的路线，将氧化铁纳米颗粒掺杂进碳基质中，得到氧化铁为核、碳为壳的核/壳结构黑色颜料。前驱体为葡萄糖、氯化亚铁和水，绿色、价廉。

（2）为调整黑色颜料的密度，将其在浓盐酸中浸泡，其密度可在 $1.5 \sim 2.2 g/cm^3$ 调节。理论依据是氧化铁在酸性溶液中溶解而被选择性除去，而碳材料保持不变。

（3）由于表面存在 C-H、C=C、O-H 等官能团，因此在四氯乙烯等非极性溶剂中具有良好的分散性。作为黑色电泳颗粒，组装成黑白电泳显示器，在±3V 电压作用下，"IPC"三个字母可在黑白两色间自由转换。

（4）由于在非极性溶剂中良好的分散性，黑色颜料可能在油墨、油漆等其他领域有着潜在的应用前景。

4.4　中空多孔银微米球

由于高电导、高表面积/体积比值，银多孔纳米结构在催化剂、单分子检测、表面增强拉曼和化学传感器等领域有着重要应用[52-53]。模板法、电化学法及合金/去合金法都被用来制备银多孔纳米结构[54-57]。由于可连续化、规模化合成的优点，雾化热解法通过蒸发作为软模板的氨，也被用来合成银纳米颗粒[58-59]。本节中超声雾化热解法，被用来制备多孔中空银微米球[60]。

4.4.1　反应过程及可能生成机理

在上述碳基纳米复合材料的基础上，笔者进一步发展了超声雾化热解法，以葡萄糖为还原剂及模板，制备出多孔中空银微米球。可能形成机理如图 4-29。首先，在超声雾化形成的雾滴内含有起始反应物——葡萄糖和硝酸银分子，在氮气流的输送下进入管式炉内的石英管中。①在管段位置，温度稍低，雾滴内的硝酸银将被葡萄糖还原生成银纳米颗粒(表面由葡萄糖分子保护)。②在氮气流的输送下雾滴继续朝着管式炉中部流动，温度也随之升高。随着温度升高，已生成的银纳米颗粒和未反应的葡萄糖随着水的汽化将会迁移至雾滴表面富集。③在管式炉中心位置，温度达到最高，富集在表面的银纳米颗粒将熔融在一起，期间杂有未反应的葡萄糖。④在氮气流携带下，进入装有水的收集器中，未反应的葡萄糖及其他副产物将会溶于水，形成了多孔中空银微米球(SPHS)。

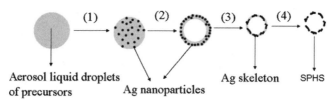

图 4-29　多孔中空银微米球的可能形成机制

4.4.2　结果与讨论

XRD 证明了通过超声雾化热解葡萄糖/硝酸银水溶液所制备的样品为面心立方相银(JCP-DS：04-0783)(图 4-30)。

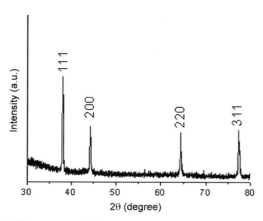

图 4-30　超声雾化热解(700℃)葡萄糖、硝酸银水溶液生成的银多孔中空球的 XRD

如图 4-31 中 A、B 所示，SEM 证明了通过超声雾化热解葡萄糖/硝酸银水溶液所制备的样品的形貌为多孔中空微米球。亚微米球的尺寸为 0.2~1.6μm，杂有少量尺寸小于 0.2μm 的实心球。中空多孔微米球的壁厚约为 100~200nm，孔的尺寸从 100~500nm。随着硝酸银浓度由 0.02g/mL 增大为 0.06g/mL，微米球的尺寸也增大到 0.6~3.3μm 且仍保持着多孔中空特征(图 4-31 中 C、D)。

为了验证葡萄糖的模板作用，AgNO₃ 水溶液 700℃超声雾化热解时，只能得到银纳米实心球，实心球的尺寸为 150~500nm(图 4-32)。此外，葡萄糖水溶液 700℃超声雾化热解时，无碳化情况发生，进一步证明了葡萄糖在多孔中空银微米球生成过程中起着还原剂和模板作用。

图 4-31　超声雾化热解（700℃）葡萄糖、硝酸银水溶液生成的银多孔中空球的 SEM

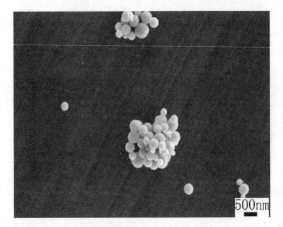

图 4-32　超声雾化热解（700℃）硝酸银水溶液
生成的银纳米实心球的 SEM

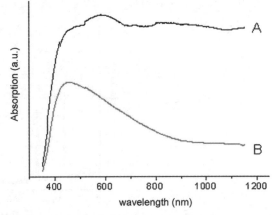

图 4-33　多孔中空银微米球（A）与银纳米实心球（B）
的 UV-VIS-NIR 吸收曲线

　　由于血液和软组织在近红外（NIR）是透明的，造成伤害非常低，因此，NIR 光热疗法是生物医药的研究热点。Au 纳米笼、Fe_3O_4/Au 纳米结构及二氧化硅或 PS 支撑的银纳米壳都在 NIR 光热疗法中有着潜在的应用[61-62]。众所周知，材料的形貌决定了材料的性质。考虑到形貌的相似，通过超声雾化热解葡萄糖/$AgNO_3$ 水溶液所生成的多孔中空银球，在 NIR（400 ~ 1200nm）也有非常强的吸收（图 4-33）。与此相反，银实心纳米球只在可见光区（400 ~ 800nm）有吸收。通过超声雾化热解葡萄糖、硝酸银水溶液所制备的多孔中空银微米球在 NIR 热疗领域有着潜在应用。

4.4.3　小　结

　　以葡萄糖为还原剂和模板、硝酸银为银源，通过超声雾化热解法，成功制备出中空多孔银微米球。不仅通过简单增加硝酸银的浓度就可以调控银中空多孔亚微米球的尺寸，还提出了可能的形成机理。与银实心亚微米球相比，由于中空多孔形貌特征，我们的中孔多孔银微米球在 400～1200nm 可见-近红外有着吸收，在 NIR 热疗领域有着潜在的应用。

参考文献

[1] Lou X, Archer L, Yang Z. Hollow micro-/nanostructures: synthesis and applications[J]. Advanced Materials, 2008, 20: 3987-4019.

[2] Kamata K, Lu Y, Xia Y. Synthesis and characterization of monodispersed core-shell spherical colloids with movable cores[J]. Journal of the American Chemical Society, 2003, 125: 2384-2385.

[3] Ikeda S, Ishino S, Harada T, et al. Ligand-free platinum nanoparticles encapsulated in a hollow porous carbon shell as a highly active heterogeneous hydrogenation catalyst[J]. Angewandte Chemie International Edition, 2006, 45: 7063-7066.

[4] Lou X, Yuan C, Rhoades E, et al. Encapsulation and Ostwald ripening of Au and Au-Cl complex nanostructures in silica shells[J]. Advanced Functional Materials, 2006, 16: 1679-1684.

[5] Zhang W, Hu J, Guo Y, et al. Tin-nanoparticles encapsulated in elastic hollow carbon spheres for high-performance anode material in lithium-ion batteries[J]. Advanced Materials, 2008, 20: 1160-1165.

[6] Chen H, Zhao Y, Song Y, et al. One-step multicomponent encapsulation by compound-fluidic electrospray [J]. Journal of the American Chemical Society, 2008, 130: 7800-7801.

[7] Zhao W, Chen H, Li Y, et al. Uniform rattle-type hollow magnetic mesoporous spheres as drug delivery carriers and their sustained-release property[J]. Advanced Functional Materials, 2008, 18: 2780-2788.

[8] Valdés-Solís T, Valle-Vigón P, Sevilla M, et al. Encapsulation of nanosized catalysts in the hollow core of a mesoporous carbon capsule[J]. Journal of Catalysis, 2007, 251: 239-243.

[9] Cavaliere-Jaricot S, Darbandi M, Nann T. Au-silica nanoparticles by "reverse" synthesis of cores in hollow silica shells[J]. Chemical Communications, 2007, 2031-2033.

[10] Skrabalak S, Suslick K. Porous MoS_2 synthesized by ultrasonic spray pyrolysis[J]. Journal of the American Chemical Society, 2005, 127: 9990-9991.

[11] Suh W, Jang A, Suh Y, et al. Porous, hollow, and ball-in-ball metal oxide microspheres: preparation, endocytosis, and cytotoxicity[J]. Advanced Materials, 2006, 18: 1832-1837.

[12] Skrabalak S, Suslick K. Porous carbon powders prepared by ultrasonic spray pyrolysis[J]. Journal of the American Chemical Society, 2006, 128: 12642-12643.

[13] Skrabalak S, Suslick K. Carbon powders prepared by ultrasonic spray pyrolysis of substituted alkali benzoates [J]. Journal of Physical Chemistry. C, 2007, 111: 17807-17811.

[14] Frens G. Controlled nucleation for the regulation of the particle size in monodisperse gold suspensions[J]. Nature Phys. Sci., 1973, 241: 20-22.

[15] Guo S, Wang L, Dong S, et al. Synthesis of porous platinum nanoballs in soft templates[J]. Journal of Physical Chemistry C, 2008, 112: 13510-13515.

[16] Iskandar F, Chang H, Okurama K. Preparation of microencapsulated powders by an aerosol spray method and their optical properties[J]. Advanced Powder Technology, 2003, 14: 349-367.

[17] Courtney A, Dahn J. Diffraction studies of the reaction of lithium with tin oxide composites[J]. Journal of the Chemical Society, 1997, 144: 2045-2052.

[18] Derrien G, Hassoun J, Panero S, et al. Nanostructured Sn-C composite as an advanced anode material in high-performance lithium-ion batteries[J]. Advanced Materials, 2007, 19: 2336-2340.

[19] Li H, Shi L, Lu W, et al. Studies on capacity loss and capacity fading of nanosized SnSb alloy anode for Li-ion batteries, Journal of The Electrochemical Society, 2001, 148: A915-A922.

[20] Caruso F, Spasova M, Susha A, et al. Magnetic nanocomposite particles and hollow spheres constructed by a

sequential layering approach[J]. Chemistry of Materials, 2001, 13: 109-116.

[21] Teng F, Xu T, Liang S, et al. Synthesis of hollow Mn_3O_4-in-Co_3O_4 magnetic microspheres and its chemiluminescence and catalytic properties[J]. Catalysis Communications, 2008, 9: 1119-1124.

[22] Zhang Y, Li L, Tang F, et al. Controlled drug delivery system based on magnetic hollow spheres/polyelectrolyte multilayer core-shell structure[J]. Journal of Nanoscience & Nanotechology, 2006, 6: 3210-3214.

[23] Peng S, Sun S. Synthesis and characterization of monodisperse hollow Fe_3O_4 nanoparticles[J]. Angewandte Chemie International Edition, 2007, 46: 4155-4158.

[24] Ding Y, Hu Y, Jiang X, et al. Polymer-monomer pairs as a reaction system for the synthesis of magnetic Fe_3O_4-polymer hybrid hollow nanospheres[J]. Angewandte Chemie International Edition, 2004, 43: 6369-6372.

[25] Tartaj P, González-Carreňo T, Serna C. Single-step nanoengineering of silica coated maghemite hollow spheres with tunable magnetic properties[J]. Advanced Materials, 2001(13): 1620-1624.

[26] Salgueiriňo-Maceira V, Correa-Duarte M, Spasova M, et al. Composite silica spheres with magnetic and luminescent functionalities[J]. Advanced Functional Materials, 2006, 16: 509-514.

[27] Bourlinos A, Boukos N, Petridis D. Exchange resins in shape fabrication of hollow inorganic and carbonaceous-inorganic composite spheres[J]. Advanced Materials, 2002, 14: 21-24.

[28] Fuertes A, Serilla M, Valdés-Solís T, et al. Synthetic route to nanocomposites made up of inorganic nanoparticles confined within a hollow mesoporous carbon shell, Chemistry of Materials, 2007, 19: 5418-5423.

[29] Xu L, Zhang W, Ding Y, et al. Formation, characterization, and magnetic properties of Fe_3O_4 nanowires encapsulated in carbon microtubes[J]. Journal of Physical Chemistry B, 2004, 108: 10859-10862.

[30] Lu A, Salabas E, Schüth F. Magnetic nanoparticles: Synthesis, protection, functionalization, and application[J]. Angewandte Chemie International Edition, 2007, 46: 1222-1244.

[31] Fuertes A, Valdés-Solís T, Sevilla M, et al. Fabrication of monodisperse mesoporous carbon capsules decorated with ferrite nanoparticles[J]. Journal of Physical Chemistry C, 2008, 112: 3648-3654.

[32] Kodas T, Hampden-Smith M. Aerosol Processing of Materials[M]. Wiley-VCH: New York, 1999.

[33] Suh W, Suslick K. Magnetic and porous nanospheres from ultrasonic spray pyrolysis[J]. Journal of the American Chemical Society, 2005, 127: 12007-12010.

[34] Bang J, Han K, Skrabalak S, et al. Porous carbon supports prepared by ultrasonic spray pyrolysis for direct methanol fuel cell electrodes[J]. Journal of Physical Chemistry C, 2007, 111: 10959-10964.

[35] Zhu Y, Zhang L, Schappacher F, et al. Synthesis of magnetically separable porous carbon microspheres and their adsorption properties of phenol and nitrobenzene from aqueous solution[J]. Journal of Physical Chemistry C, 2008, 112: 8623-8628.

[36] Kahánková J, Španová A, Pantůček R, et al. Extraction of PCR-ready DNA from Staphylococcus aureus bacteriophages using carboxyl functionalized magnetic nonporous microspheres[J]. Journal of Chromatography B, 2009, 877: 599-602.

[37] Sun X, Li Y. Colloidal carbon spheres and their core/shell structures with noble-metal nanoparticles[J]. Angewandte Chemie International Edition, 2004, 43: 597-601.

[38] Comiskey B, Albert J, Yoshizawa H, et al. An electrophoretic ink for all-printed reflective electronic displays[J]. Nature, 1998, 394: 253-255.

[39] Jo G, Hoshino K, Kitamura T. Toner display based on particle movements[J]. Chemistry of Materials, 2002, 14: 664-669.

[40] Crowley J, Sheridon N, Romano L. Dipole moments of gyricon balls[J]. Journal of Electrostatics, 2002, 55: 247-259.

[41] Vykoukal J, Vykoukal P, Sharma S, et al. Dielectrically addressable microspheres engineered using self-assembled monolayers[J]. Langmuir, 2003, 19: 2425-2433.

[42] Chen Y, Au J, Kazlas P, et al. Evolutionary genomics—Codon volatility does not detect selection[J]. Na-

ture, 2003, 423: 136-136.

［43］Jang I, Sung J, Choi J, et al. Synthesis and characterization of titania coated polystyrene core-shell spheres for electronic ink［J］. Synthetic Metals, 2005, 152: 9-12.

［44］Werts M, Badila M, Brochon C, et al. Titanium dioxide-polymer core-shell particles dispersions as electronic inks for electrophoretic displays［J］. Chemistry of Materials, 2008, 20: 1292-1298.

［45］Yu D, An J, Bae J, et al. Negatively charged ultrafine black particles of P(MMA-co-EGDMA) by dispersion polymerization for electrophoretic displays［J］. Macromolecules, 2005, 38: 7485-7491.

［46］Li W, Xie Z, Li Z. Synthesis, characterization of polyacrylate-g-Carbon Black and its application to soap-free waterborne coating［J］, Journal of Applied Polymer Science, 2001, 81: 1100-1106.

［47］Dhas N, Suslick K. Sonochemical preparation of hollow nanospheres and hollow nanocrystals［J］. Journal of the American Chemical Society, 2005, 127: 2368-2369.

［48］Cao F, Chen L, Wang Q, et al. Synthesis of carbon-Fe_3O_4 coaxial nanofibres by pyrolysis of ferrocene in supercritical carbon dioxide［J］. Carbon, 2007, 45: 727-731.

［49］Cui X, Antonietti M, Yu S. Structural effects of iron oxide nanoparticles and iron ions on the hydrothermal carbonization of starch and rice carbohydrates［J］. Small, 2006, 2: 756-759.

［50］Titirici M, Antonietti M, Thomas A. Generalized synthesis of metal oxide hollow spheres using a hydrothermal approach［J］. Chemistry of Materials, 2006, 18: 3808-3812.

［51］郑荣波. 碳、二氧化钛基纳米复合材料的可控制备与应用［D］. 北京：中国科学院, 2009.

［52］Velev O, Tessier P, Lenhoff A, et al. A class of porous metallic nanostructures［J］. Nature, 1998, 401, 548.

［53］Fu Y, Lakowicz J. Enhanced single-molecule detection using porous silver membrane［J］. Journal of Physical Chemistry C, 2010, 114(16): 7492-7495.

［54］Walsh D, Arcelli L, Ikoma T, et al. Dextran templating for the synthesis of metallic and metal oxide sponges［J］. Nature Materials, 2003, 2: 386-390.

［55］Zhang D, Qi L, Ma J, et al. Synthesis of submicrometer-sized hollow silver spheres in mixed polymer-surfactant solutions［J］. Advanced Materials, 2002, 14 (20): 1499-1502.

［56］Cherevko S, Xing X, Chung C. Electrodeposition of three-dimensional porous silver foams［J］. Electrochemical Communications, 2010, 12(3): 467-470.

［57］Won H, Nersisyana H, Wona C, et al. Preparation of porous silver particles using ammonium formate and its formation mechanism［J］. Chemical Engineering Journal, 2010, 156(2): 459-464.

［58］Kieda N, Messing G. Preparation of silver particles by spray pyrolysis of silver-diammine complex solutions［J］. Journal of Materials Research, 1998, 13(6): 1660-1665.

［59］Lu H. Fabrication and characterization of porous silver powder prepared by spray drying and calcining technology［J］. Powder Technology, 2010, 203(2): 176-179.

［60］Zheng R, Guo X, Fu H. One-step, template-free route to silver porous hollow spheres and their optical property［J］. Applied Surface Science, 2011, 257(69): 2367-2370.

［61］Chen J, Wang D, Xi J, et al. Immuno gold nanocages with tailored optical properties for targeted photothermal destruction of cancer cells［J］. Nano Letters, 2007, 7: 1318-1322.

［62］Zhang J, Liu J, Wang S, et al. Facile methods to coat poly-styrene and silica colloids with metal［J］. Advanced Functional Materials, 2004, 14: 1089.

第5章 碳基功能核—二氧化钛/铂壳复合材料：碳为偶连剂

核壳结构纳米复合材料，由于具有许多独特的物理化学性质及潜在广泛的技术应用前景，越来越受到人们的关注。科研工作者通过在内核表面包覆具有不同化学组成的外壳，形成具有核壳结构的纳米复合材料。其中，内核可以是无机物，也可以是有机物。这些核壳结构纳米复合材料常常呈现出不同于内核材料的性质。例如，与内核相比，核壳结构纳米复合材料具有不同的表面化学组成、更高的稳定性、更大的表面积以及不同的磁学和光学性质。因此，无论是从基础理论研究，还是实际技术应用的角度看，核壳结构纳米复合材料都是非常令人感兴趣的研究对象之一[1-3]。

一般而言，制备核壳结构纳米复合材料有如下几个方面的原因：①壳层的形成可以调节内核的物理化学性质(如磁性质、光学性质、催化性质、电化学性质等)的作用。其中，外壳与内核在界面处的相互作用(如外延定向生长、化学组分在界面处的梯度分布、晶格的误配、化学键的形成等)直接影响了内核的物理性质。②核壳结构纳米复合材料可以将两种或多种不同材料的性质集于一体，得到单一纳米材料所不能提供的多重功能。根据实际应用的需求，人们可以设计不同性质的组合，如在磁性材料的表面包覆介孔材料，用于药物的储存与释放；在催化材料的表面包覆介孔材料，用于选择性催化和改善催化性能；在磁性材料的表面包覆含有荧光物质的介孔材料，能够得到具有磁性、荧光和介孔性质三重功能的纳米复合材料，磁响应成像分析结果表明该复合材料可以作为潜在的生物成像标签。③核壳结构纳米复合材料，可以作为制备空心结构的中间体。内核作为硬模板，纳米晶、纳米棒、纳米片、纳米带、孔(介孔、微孔、大孔)作为构筑单元，在硬模板的表面进行组装形成核壳结构。然后，采用溶剂溶解或高温烧结的方法，去掉内核模板，形成相应的中空结构。④核壳结构的形成，壳层可以调整内核颗粒的表面性质，使得内核颗粒具有生物相容性，增加内核颗粒的热、机械或化学稳定性，改善内核颗粒的分散性。单分散纳米晶的合成通常在有机溶剂中进行，纳米晶的表面是憎水的，难以在水溶液中分散，因此限制了纳米晶在生物体系中的应用。在纳米晶的表面包覆亲水性物质(二氧化硅、两亲性嵌段共聚物等)，不仅可以提高纳米晶的热稳定性，而且赋予纳米晶的亲水性，提高了其生物相容性。核壳结构纳米复合材料由于其特别的形态、组成以及结构，而具有单一组分材料所不具有的独特的光学、磁学、催化以及电性质，因此在许多领域具有潜在的应用价值，如药物的储存与释放、催化、热敏、高密度数字存储、对生物活性物质如酶、DNA提供保护等[3]。

根据各种应用领域的实际需要，以下化合物常被用作壳层材料：二氧化硅、二氧化钛、碳、高分子化合物等。作为一种重要的金属氧化物，二氧化钛在颜料、化妆品、催化剂载体、绝缘材料及催化剂领域有着重要的应用，因此也常被用作壳层材料[4-5]。例如，吴等人已经证明，二氧化钛壳层可以明显提高有机颜料(如有机黄109)的抗紫外光敏化和热稳定性[4]。高廉团队的实验结果表明，二氧化钛—二氧化硅包覆的磁性球在光降解有机颜料(如亚甲基蓝)时展现出良好的光催化活性[5]。

　　到目前为止，各种各样的技术路线都被设计出用于合成二氧化钛为壳的核壳结构复合材料[6-7]。基于静电吸附的原理，Caruso 等人首次将 layer-by-layer(LBL)，即层—层自组装技术路线，应用在各种类型的核壳结构纳米复合材料的制备，如 Au/TiO$_2$、PS/TiO$_2$ 和 Ni/TiO$_2$ 电缆等[8-10]。尽管 LBL 路线可以通过调节壳材料前驱体的浓度或 LBL 次数，来精确调控壳层厚度，但存在反应周期长、反应步骤繁琐等缺点。另一个路线，通过控制二氧化钛前驱体的水解速度，在核的表面缓慢的沉积二氧化钛，从而形成核壳结构[6]。例如，顾的研究组报道[7]，在事先制备好的硬脂酸保护的 Mn-Zn 铁酸盐纳米颗粒的表面，通过控制水解 TiCl$_4$ 形成了二氧化钛外壳。在这里，硬脂酸起到偶连剂的作用。Kotov 等人设计出一条新奇的一步合成法在银纳米颗粒表面形成二氧化钛层，即先生成银纳米颗粒，然后在银表面通过二氧化钛前驱体水解形成 Ag/TiO$_2$[2]。最近，笔者研究组发展了一种混合溶剂法(乙醇/乙腈)合成了聚苯乙烯/二氧化钛(PS/TiO$_2$)[6]。乙醇/乙腈混合溶剂一方面可以降低二氧化钛前驱体的水解速度，另一方面降低了二氧化钛前驱体的扩散速度，因此最后得到了光滑厚实的二氧化钛壳层。在笔者以前的工作中，PS 仅被作为模板来使用，通过高温烧结，得到的目标产物是中空二氧化钛亚微米球。因为二氧化钛的前驱体对水和反应场所太敏感，很少有普适的方法(LBL 除外)可以在多种形貌不同种类功能材料的表面形成二氧化钛壳[6]。

　　在本节中，进一步发展了混合溶剂法及室温甲醛还原法，在球形或棒状碳基功能核表面形成二氧化钛或铂外壳。与 PS 亚微米球模板不同的是，碳基功能核在反应后作为复合材料的一部分保留下来。以 Ag/C 纳米球、纳米缆、C-Fe$_3$O$_4$ 磁性中空球和纯碳纳米颗粒为内核，形成了碳基功能材料为核、二氧化钛为壳的核壳结构纳米复合材料。本路线的关键是，用碳(表面具有丰富的官能团如 OH 和 COO$^-$)成分作为偶连剂，通过依次吸附带有正电荷的 NH$_4^+$，带负电荷的二氧化钛前驱体≡TiO$^-$沉积在核的表面形成了二氧化钛壳。最后考察了二氧化钛外壳对功能内核性质的影响。由于二氧化钛高的折射率，UV-vis 吸收峰的位置可以由原来的 437nm 和 571nm 分别红移到 500nm 和 720nm。基于 Te/C 纳米缆表面丰富的-OH、-OOH，以甲醛为还原剂，H$_2$PtCl$_6$ 为铂源，成功将尺寸为 3nm 的铂纳米颗粒沉积在 Te/C 纳米缆，形成铂纳米颗粒壳。

5.1　碳基功能核—二氧化钛复合材料

5.1.1　实验部分

5.1.1.1　实验材料

　　碳亚微米球、Ag/C 纳米球、Ag/C 纳米电缆及 C-Fe$_3$O$_4$ 磁性中空球是根据以前文献所报道的实验步骤合成[11-15]。

　　(1)碳亚微米球。磁搅拌辅助下，适量葡萄糖加入一定量水中形成浓度为 0.5mol/L 葡萄糖水溶液，然后将其转移到聚四氟乙烯反应釜中。然后在 160℃电热干燥箱中静止反应 4h。自然冷却到室温，离心分离，水与乙醇各洗涤 3 次，分散在乙醇中备用。

　　(2)Ag/C 纳米球。磁搅拌辅助下，0.5mL 硝酸银水溶液(0.1mol/L)逐滴加入到 35mL 葡萄糖水溶液(0.63mol/L)中。继续搅拌 10min 后，上述溶液转移到容积为 40mL 的反应釜中。在 170℃反应 4h 和 6h，可以分别得到尺寸为 170nm 和 380nm 的 Ag/C 纳米球。自然冷却到室温，离心分离，水与乙醇各洗涤 3 次，分散在乙醇中备用。

　　(3)Ag/C 纳米电缆。首先，在磁搅拌辅助下，硝酸银(0.15g)和碳酸钠(0.05g)先后加入

35mL 去离子水中。然后，NH_2SO_3H（0.17g）和水杨酸（0.24g）依次加入上述溶液中。最后，上述反应液被转移到容积为 40mL 的聚四氟乙烯反应釜中，170℃静止反应 60h。自然冷却到室温，离心分离，水与乙醇各洗涤 3 次，分散在乙醇中备用。

5.1.1.2　二氧化钛包覆的核壳结构复合材料

二氧化钛可以包覆在纯碳球或碳基复合功能核上，如银、四氧化三铁等。实验参数见表 5-1。具体操作步骤如下：适量碳基功能核分散在 40mL 乙醇/乙腈（体积比为 3∶1）混合溶剂中，然后 0.3mL 氨水和钛酸四丁酯乙醇/乙腈（体积比为 3∶1）溶液依次加入上述溶液。反应 2h 后，所得产物离心分离，水、乙醇各洗涤 3 次。

5.1.1.3　粗糙表面锐钛矿相二氧化钛壳

C/TiO_2 球（0.1g）重新分散在 16mL 去离子水中，然后转移到 20mL 聚四氟乙烯反应釜中，180℃反应 12h。自然冷却到室温，离心分离，水与乙醇各洗涤 3 次，分散在乙醇中备用。

表 5-1　实验参数

样品	功能碳核的质量			
	Ag/C 球	Ag/C 缆	C-Fe$_3$O$_4$中空球	C 球
AS1	0.02g（170nm）			
AS2	0.04g（170nm）			
AS3	0.02g（380nm）			
AC1		0.02g		
AC2		0.03g		
FS			0.01g	
CS				0.03g

注：AS 指 Ag/C 纳米球，AC 指 Ag/C 纳米电缆，FS 指 C-Fe$_3$O$_4$中空球，CS 指碳亚微米球。

5.1.1.4　表　征

产品的物相和纯度用 X 射线粉末衍射（XRD）进行了表征。仪器型号：Japan Regaku D/max γA X 射线衍射仪，X 射线源为石墨单色器滤波的 Cu-Kα 辐射（λ=1.54056Å），扫描速度为 0.02θ/s，扫描方式为 θ~2θ 联动，2θ 扫描范围为 10~80°。产品的形貌用 JEOL JEM-200CX 透射电子显微镜观察，工作电压为 200kV，采用明场方式。电镜观察所用样品用超声清洗机超声分散到无水乙醇中，以形成比较均匀的悬浮液。然后将悬浮液滴到铜网上，空气中搁置几分钟待溶剂挥发完全后备用。扫描电镜采用 Hitachi S-4300 扫描电子显微镜，样品的制备方法是将目标物的乙醇溶液滴在铝片或硅片上，室温干燥。紫外可见（UV-vis）吸收光谱采用 JACSCO 570 分光光度仪。振动样品磁性分析仪（VSM，LDJ-9600）测试样品的磁滞回线，在 20KG 外磁场下测量饱和磁化强度 M_s 与矫顽力 H_c。样品重量为 20mg，并进行精确测量。

5.1.2　结果与讨论

5.1.2.1　二氧化钛壳的形成机理

由以前文献报道可知，碳球的合成方法是：水热处理或超声雾化高温热解多糖水溶液[11,14-15]。另外，多种功能成分，如贵金属[12-13]、氧化物[16-17]等纳米材料已被封装在碳球内部形成碳基复合材料。以前文献的结果表明，由红外光谱、拉曼光谱的数据可知，碳基复合材料的表面存在着羟基、羧基等官能团。上述碳球、Ag/C 纳米球、Ag/C 电缆和 C-Fe$_3$O$_4$

中空磁性球的ξ-电位均为负值。因此，上述碳基功能核可以依次吸附带有正电荷的 NH_4^+ 和负电荷的二氧化钛前驱体≡TiO⁻ 沉积在核的表面形成了二氧化钛壳。二氧化钛壳层的形成过程如图 5-1 所示，包括如下步骤：①带有负电荷官能团的碳基功能核首先通过静电吸附带正电荷的 NH_4^+；②与此同时，TBOT 通过水解，在溶液中产生带负电荷的≡TiO⁻，≡TiO⁻ 通过静电吸附到碳基功能核的带正电荷表面；③在 NH_4^+ 催化下，≡TiO⁻ 可进一步发生缩聚反应形成二氧化钛壳。因此，碳球、Ag/C 纳米球、Ag/C 电缆和 $C-Fe_3O_4$ 中空磁性球被选为核，通过上述机理，在其表面形成二氧化钛壳。

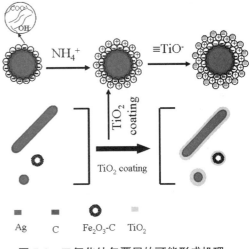

图 5-1　二氧化钛包覆层的可能形成机理

5.1.2.2　Ag/C/TiO₂ 核壳球结构纳米复合材料

　　Ag/C 核壳纳米球可以通过水热葡萄糖与硝酸银水溶液合成[26]。如图 5-2 所示，内核银颗粒的尺寸约为 100~140nm，碳壳厚度约为 25nm。包覆前 Ag/C 纳米球的尺寸约为 170nm。包覆二氧化钛后，尺寸增大到 350nm。也就是说，二氧化钛壳层厚度约为 90nm。

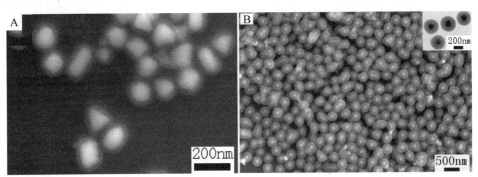

**图 5-2　Ag/C 核壳纳米球在包覆二氧化钛外壳前（A）和后（B）的 SEM 照片，
B 中的插图为相应的 TEM 照片**

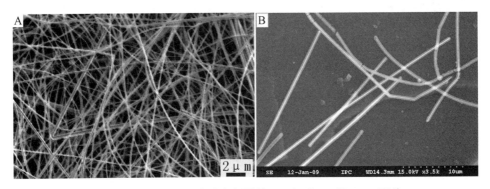

图 5-3　Ag/C/TiO₂ 电缆在包覆前（A）和后（B）的 SEM 照片

　　由于纳米棒的顶端与侧面的曲率不同，很多在球状表面包覆二氧化钛层的方法不能在一维纳米结构如纳米棒的表面包覆形成二氧化钛外壳。本章中，尝试了在 Ag/C 纳米电缆表面包覆上二氧化钛层[27]。由图 5-3 可知，电缆的直径可从包覆前（Ag/C 电缆）的 170nm 增大到包覆后的 410nm（Ag/C/TiO$_2$ 电缆）。即二氧化钛的壳层厚度约为 120nm。从电缆的顶端可以看出，顶端与电缆侧面都被均匀致密的包覆上二氧化钛壳层，进一步证明了该方法可在不同形貌的碳基核的表面形成均匀致密的二氧化钛壳层。

5.1.2.3　二氧化钛壳层厚度的调控

二氧化钛壳层的厚度可以通过改变内核的表面积与二氧化钛前驱体的浓度比来调控。也就是说，如果保持二氧化钛前驱体的浓度不变，通过调整核材料的表面积就可以调控二氧化钛壳层厚度。众所周知，材料的表面积不仅与其质量浓度有关，还与颗粒尺寸大小密切相关。由图 5-4 中 A 所示，当 Ag/C 纳米颗粒的浓度增加一倍而保持其他条件不变，二氧化钛壳层厚度减小到 40nm。当 Ag/C 纳米颗粒的尺寸由 170nm 增加到 360nm，二氧化钛壳层厚度增加到 140nm（图 5-4 中 C）。必须指出的是，由于二氧化钛的单独成核，尺寸为 260nm 的二氧化钛纳米颗粒与目标产物共同存在。与此类似，当 Ag/C 纳米电缆的量增加到 1.5 倍而保持其他反应条件不变时，二氧化钛壳层厚度减小到 90nm（图 5-4 中 D）。

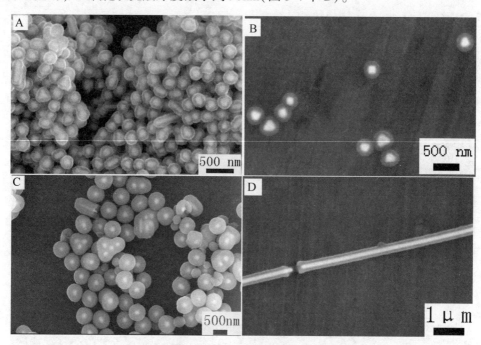

图 5-4　SEM 照片：二氧化钛壳层厚度的调控

5.1.2.4　二氧化钛壳层对银光学性质的影响

由于二氧化钛高的折射率，在形成二氧化钛壳层后，紫外—可见吸收峰可从原来的 437nm 和 571nm 分别红移到 500nm 和 720nm（图 5-5）。这是目前通过在银纳米颗粒外面包覆高折射率化合物，第一次观察到其紫外可见吸收峰可以红移到 720nm。

5.1.2.5　二氧化钛包覆碳基磁性中空球

磁性材料由于其独特的对外加磁场有响应的性质，在催化剂载体、磁分离、靶向载药等领域

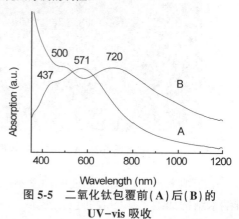

图 5-5　二氧化钛包覆前（A）后（B）的 UV-vis 吸收

均有广泛的应用。为了进一步证明这个方法的普适性，选择碳—四氧化三铁中空微球为核，在其表面形成二氧化钛壳层。如图 5-6 所示，碳基四氧化三铁磁性复合中空球可以通过水解超声雾化高温热解柠檬酸铁饱和水溶液得到[14]。由于其尺寸分布太宽，很难通过包覆前后尺寸的变化来判断是否有二氧化钛成功包覆。由 TEM 可知，二氧化钛的壳层厚度约为 20nm。另外，EDS 进一步证明，二氧化钛被成功包覆，钛与铁的原子比是 1：5。磁滞回线（图 5-6 中 D）表明，二氧化钛包覆的磁性复合中空球的饱和磁化强度、剩磁与矫顽力分别为 31.1emu/g、1.8emu/g 和 37Oe。由于其较大的饱和磁化强度、准超顺磁特征，此复合磁性微球在催化、药物缓释和环境修复等领域有着潜在的应用。

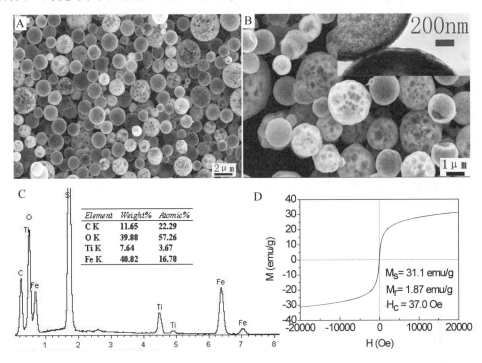

图 5-6 $C-Fe_3O_4$ 中空球包覆 TiO_2 前（A）和后（B）的 SEM 及包覆后的 EDS（C）和磁滞回线（D）

5.1.2.6 粗糙表面锐钛矿相二氧化钛包覆的碳球

为了进一步说明碳在包覆过程中所起的重要作用，笔者做了如下对比实验。当 PVP 保护的银纳米线取代 Ag/C 电缆，SEM 照片表明，银纳米线表面不能形成二氧化钛外壳。当纯纳米碳球被用作核时，二氧化钛可以成功包覆。如图 5-7 所示，包覆后，颗粒尺寸由包覆前（碳球尺寸）的 400nm 增大到 480nm，即二氧化钛壳层厚度约为 40nm。因此，本路线是一个普适的方法，可以在不同形貌、不同成分的碳基功能核的表面形成二氧化钛层。由以前的文献得知，通过 TBOT 水解所得到的二氧化钛为无定型，为使其晶化，可通过高温烧结或水热处理。如图 5-7 中 D 所示，180℃水热处理后，无定型二氧化钛晶化为锐钛矿相二氧化钛。与此同时，二氧化钛壳层表面由光滑致密转变为粗糙（尺寸为 10nm 左右的锐钛矿相二氧化钛组成），直径进一步增大到约为 500nm。

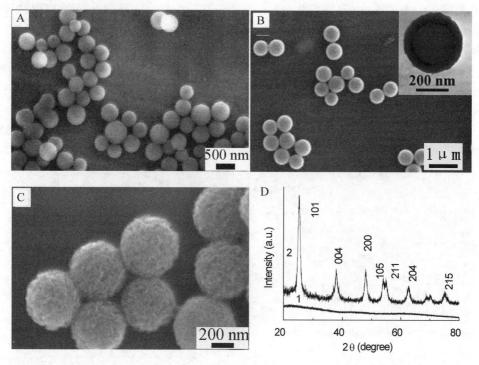

图 5-7 SEM：碳球(A)，碳/二氧化钛核/壳球水热前(B)和后(C)；水热后的 XRD(D)

5.1.3 小 结

在混合溶剂法的基础上，本节发展了一条普适的新技术路线，利用碳作为偶联剂，在乙醇/乙腈混合溶剂中，用氨水作催化剂，在球状、棒状碳基功能核(碳实心纳米球、银为核/碳为壳纳米球、银/碳纳米缆、碳—四氧化三铁磁性复合中空球)的表面成功包覆二氧化钛壳。主要结论如下：

(1)与以前的文献不同，作为内核的碳基纳米功能材料，在形成二氧化钛外壳后，仍作为功能纳米材料保持下来，而不仅仅是作为模板。

(2)本路线普适：多种碳基纳米复合材料，如碳实心纳米球、银/碳 核壳球、银/碳电缆、碳—四氧化三铁磁性复合中空球，均可作为核，在其外面形成二氧化钛外壳。

(3)通过调整碳基纳米功能材料的浓度，可以调整二氧化钛外壳的厚度，二氧化钛壳层厚度最大为120nm。

(4)水热处理后，无定型二氧化钛壳层可以转化为锐钛矿相，同时表面由光滑致密变为粗糙(尺寸为10nm左右的锐钛矿相二氧化钛组成)。

(5)二氧化钛包覆后，银纳米颗粒的紫外—可见光谱吸收峰的位置可从570nm红移到720nm。

(6)二氧化钛包覆后，碳—四氧化三铁磁性复合中空球表现出准超顺磁特征，其饱和磁化强度、剩磁与矫顽力分别为31.1emu/g、1.8emu/g和37Oe。因此，上述纳米复合材料在催化剂、药物靶向和环境修复等领域有着潜在的应用。

5.2　Te/C 缆状核—Pt 纳米颗粒壳复合材料

由于具有独特的光学、电学、催化性能及在电子传感器、催化等领域的重要应用，贵金属纳米颗粒一直受到广泛关注[18,19]。然而，由于高表面能及低熔点，贵金属纳米颗粒的聚集仍亟待解决。常将其负载在不同载体上获得稳定贵金属纳米颗粒，最终提高了其催化性能[20-22]。虽然各种一维载体，如多孔纤维素纤维[21]、Se 纳米线[23]、Te 纳米线[22]、碳纳米管等都被用来负载贵金属纳米颗粒[24-25]，但仍存在 Pt 纳米颗粒负载量低、须将碳纳米管等疏水材料强氧化性酸处理引入羧基官能团、纳米颗粒尺寸太大等问题。水热碳化葡萄糖、果糖等碳水化合物，可以生成富羧基、羟基官能团的碳材料，并用来负载二氧化钛、银纳米颗粒[26-28]。在上一节功能碳表面沉积二氧化钛壳的工作基础上[26]，基于碳表面丰富的羟基、羧基官能团，进一步将尺寸仅为 3nm 的 Pt 纳米颗粒超高量负载在一维 Te/C 缆状表面。负载的 Pt 纳米颗粒不仅超小仅为 3nm、负载量超大，铂纳米颗粒表面"裸露"无表面活性剂存在，还解决了易聚集的问题[29]。

5.2.1　实验过程

5.2.1.1　Te/C 同轴缆的制备

Te 纳米线[30]的制备：剧烈磁搅拌下，1.5g PVP、0.2767g Na_2TeO_3、水合肼（4.25mL，50%）、氨水（5mL，25%）依次溶解在 50mL 去离子水中，形成澄清溶液。然后将上述溶液转移至水热反应釜中，180℃反应 4h。自然冷却到室温，黑色悬浮液离心、丙酮、水、无水乙醇依次洗涤，最后分散在 50mL 去离子水中。

Te/C 同轴缆[26]的制备：12mL Te 纳米线悬浮液与葡萄糖水溶液（18mL，10%）混合后，转移至反应釜中，200℃反应 7h。所得产物离心，去离子水、无水乙醇分别洗涤，60℃干燥。

5.2.1.2　负载 Pt 纳米颗粒 Te/C 同轴缆的制备

一定量 Te/C 同轴缆、H_2PtCl_6（0.5mL，1%）、HCOOH（0.25mL）依次加入 4mL 去离子水中，室温反应，直至 Pt 前驱体反应完全。离心、水洗后保存在 1mL 去离子水中。

5.2.2　结果与讨论

5.2.2.1　Pt 纳米颗粒负载 Te/C 同轴缆状复合材料

根据文献，首先制备出 Te/C 同轴缆状复合材料（图 5-8 中 A～D）。当 Te/C 同轴缆加入 H_2PtCl_6 与 HCOOH 混合水溶液中时，原位生成的铂纳米颗粒自发的吸附在其表面。初始的 Te 纳米线的直径约为 10nm，包覆碳壳后，Te/C 缆的直径增大为 150nm，即碳壳厚度约为 70nm。如图 5-8 中 E～F 所示，Pt 纳米颗粒沉积后，原本光滑的碳表面变的粗糙。所负载 Pt 纳米颗粒的尺寸约为 3nm，且分布均匀致密。

EDX 和 XPS 被用来表征 Pt 纳米颗粒负载 Te/C 同轴缆的成分组成。EDX 显示，不仅碲、碳、氧存在，还有非常强的 Pt 峰出现，进一步证明了 Pt 纳米颗粒通过碳表面的羟基、羧基等官能团吸附负载在 Te/C 同轴缆的碳表面（图 5-9）。XPS 曲线中出现了非常强的 Pt4f 和 C1s 信号，而 Te3d 信号基本消失，进一步证明了 Pt 纳米颗粒负载在 Te/C 缆的表面，而 Te 纳米线深埋在碳壳内部（图 5-10）。在 Pt 纳米颗粒负载 Te/C 同轴缆复合材料制备过程中，Te 纳米线作为一维模板，通过葡萄糖的水热碳化，生成表面富羟基、羧基的 Te/C 同轴缆；以 Te/C 同轴缆表面的羟基、羧基官能团为"偶联剂"，将通过甲酸还原 H_2PtCl_6 生成的裸露 Pt 纳米颗粒吸附负载在 Te/C 同轴缆表面。

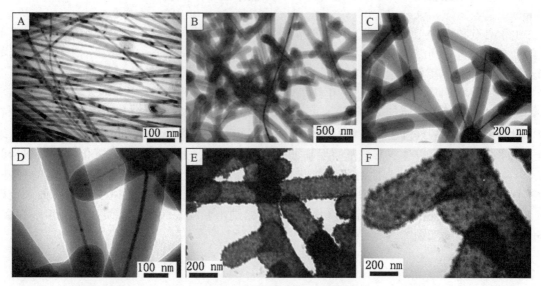

图 5-8　Te 纳米线(A)、Te/C 同轴缆(B~D)、负载 Pt 纳米颗粒的 Te/C 同轴缆(E、F) 的 TEM

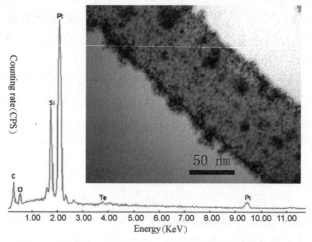

图 5-9　负载 Pt 纳米颗粒的 Te/C 同轴缆的 EDX 和 TEM

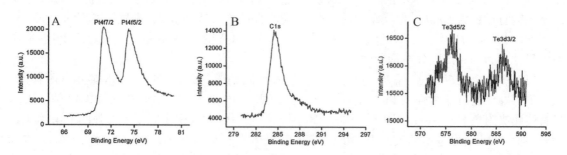

图 5-10　Pt 纳米颗粒负载 Te/C 同轴缆的 XPS

5.2.2.2　Pt 纳米颗粒负载量的调控

铂纳米颗粒在 Te/C 同轴缆表面的负载量可通过改变 Te/C 同轴缆的量来实现。如图 5-11 所示，保持其他条件不变，仅将 Te/C 同轴缆的质量由 0.25mg 减小到 0.125mg，Pt 纳米颗粒的负载量明显增加，且无明显聚集。

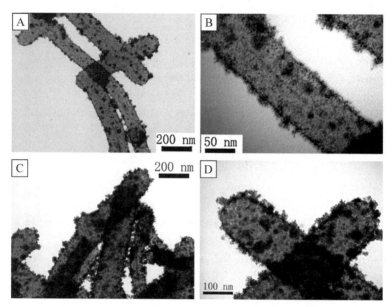

图 5-11　0.25mg（A、B）和 0.125mg Te/C 缆（C、D）所制备 Pt 纳米颗粒负载 Te/C 缆复合材料的 TEM

5.2.3　小　结

在以碳为偶联剂，在球状、棒状碳基功能核（碳实心纳米球、银/碳核/壳球、银/碳电缆、碳—四氧化三铁磁性复合中空球）的表面成功包覆纳米二氧化钛壳的基础上，本节进一步将 Pt 纳米颗粒吸附负载在 Te/C 同轴缆的碳表面。主要结论如下：

（1）以甲酸为还原剂 H_2PtCl_6 为铂源，室温水相体系下，将表面无表面活性剂保护的"裸露"Pt 纳米颗粒均匀致密的负载在 Te/C 同轴缆的碳表面。

（2）吸附负载过程是通过室温水相体系完成的且无需添加额外表面活性剂，简便、绿色。

（3）Pt 纳米颗粒的尺寸仅约为 3nm，均匀致密且无明显团聚。

（4）Pt 纳米颗粒在 Te/C 同轴缆表面的负载量可通过简单调控 Te/C 同轴缆的添加质量来调控。

（5）由于负载在 Te/C 同轴缆表面的 Pt 纳米颗粒尺寸仅为 3nm，表面"裸露"无表面活性剂、负载密度大、无聚集，定会呈现出高电化学表面及优异电催化性能。

参考文献

［1］Caruso F. Nanoengineering of particle surfaces［J］. Advance Materials，2001，13：11-22.

［2］Pastoriza-Santos I，Koktysh D，Mamedov A，et al. One-pot synthesis of Ag@ TiO_2 core-shell nanoparticles and their layer-by-layer assembly［J］. Langmuir，2000，16：2731-2735.

［3］Wang X，Peng Q，Li Y. Interface-mediated growth of monodispersed nanostructures［J］. Accounts of Chemical Research，2007，40(8)：635-643.

[4] Yuan J, Zhou S, Wu L, et al. Pigment particles coated with titania via sol-gel process[J]. Journal of Physical Chemistry B, 2006, 110(1): 388-394.

[5] Song X, Gao L. Fabrication of bifunctional titania/silica-coated magnetic spheres and their photocatalytic activities[J]. Journal of Physical Chemistry C, 2007, 111(23): 8180-8187.

[6] Wang P, Chen D, Tang F. Preparation of titania-coated polystyrene particles in mixed solvents by ammonia catalysis[J]. Langmuir, 2006, 22(10): 4832-4835.

[7] Ma M, Zhang Y, Li X, et al. Synthesis and characterization of titania-coated Mn-Zn ferrite nanoparticles[J]. colloids & surfaces a physicochemical & engineering aspects, 2003, 224(1): 207-212.

[8] Mayya K, Gittins D, Caruso F. Gold-titania core-shell nanoparticles by polyelectrolyte complexation with a titania precursor[J]. Chemistry of Materials, 2001, 13: 3833-3836.

[9] Caruso F, Shi X, Caruso R, et al. Hollow titania spheres from layered precursor deposition on sacrificial colloidal core particles[J]. Advanced Materials, 2001, 13(10): 740-744.

[10] Mayya K, Gittins D, Dibaj A, et al. Nanotubes prepared by templating sacrificial nickel nanorods[J]. Nano Letters, 2001, 1(12): 727-730.

[11] Sun X, Li Y. Colloidal carbon spheres and their core/shell structures with noble-metal nanoparticles[J]. Angewandte Chemie International Edition, 2004, 43(5): 597-601.

[12] Sun X, Li Y. Ag@C core/shell structured nanoparticles: controlled synthesis, characterization, and assembly [J]. Langmuir, 2005, 21(13): 6019-6024.

[13] Ma D, Zhang M, Xi G, et al. Fabrication and characterization of ultralong Ag/C nanocables, carbonaceous nanotubes, and chainlike beta-Ag_2Se nanorods inside carbonaceous nanotubes[J]. Inorganic Chemistry, 2006, 45(12): 4845-4849.

[14] Zheng R, Meng X, Tang F. High-density magnetite nanoparticles decorated in carbon hollow microspheres with good dispersibility and durability: one-pot preparation and their magnetic property[J]. European Journal of Inorganic Chemistry, 2009(20): 3003-3007.

[15] Skrabalak S, Suslick K. Carbon powders prepared by ultrasonic spray pyrolysis of substituted alkali Benzoates [J]. Journal of Physical Chemistry C, 2007, 111(29): 17807-17811.

[16] Fuertes A, Serilla M, Valdes-Solis T. Synthetic route to nanocomposites made up of inorganic nanoparticles confined within a hollow mesoporous carbon shell[J]. Chemistry of Materials, 2007, 19(22): 5418-5423.

[17] Wahio I, Xiong Y, Yin Y, et al. Reduction by the end groups of poly(vinyl pyrrolidone): A new and versatile route to the kinetically controlled synthesis of Ag triangular nanoplates[J]. Advanced Materials, 2006, 18 (13): 1745-1749.

[18] Liu J, Lu Y, Am J. A colorimetric lead biosensor using DNA zyme-directed assembly of gold nanoparticles[J]. Journal of the American Chemical Society, 2003, 125(22): 6642-6643.

[19] Tian N, Zhou Z, Sun S. Synthesis of tetrahexahedral platinum nanocrystals with high-index facets and high electro-oxidation activity[J]. Science, 2007, 316(5825), 732-735.

[20] Choi H, Shim M, Bangsaruntip S, et al. Spontaneous reduction of metal ions on the sidewalls of carbon nanotubes[J]. Journal of the American Chemical Society, 2002, 124(31): 9058-9059.

[21] He J, Toyoki K, Aiko N. Facile in situ synthesis of noble metal nanoparticles in porous cellulose fibers[J]. Chemistry of Materials, 2003, 15(23): 4401-4406.

[22] Zhang S, Shao Y, Liao H, et al. Graphene decorated with PtAu alloy nanoparticles: facile synthesis and promising application for formic acid oxidation[J] Chemistry of Materials, 2011, 23 (5): 1079-1081.

[23] Mayers B, Duan X, Sunderland D. Hollow nanostructures of platinum with controllable dimensions can be synthesized by templating against selenium nanowires and colloids[J]. Journal of the American Chemical Society, 2003, 125(44): 13364-13365.

[24] Hsin Y, Hwang K, Yeh C. Poly(vinylpyrrolidone)-modified graphite carbon nanofibers as promising supports for PtRu catalysts in direct methanol fuel cells[J]. Journal of the American Chemical Society, 2007, 129

（32）：9999-10010.

[25] Guo S, Dong S, Wang E. Constructing carbon nanotube/Pt nanoparticle hybrids using an imidazolium-salt-based ionic liquid as a linker[J]. Advanced Materials, 2010, 22(11)：1269-1272.

[26] Qian H, Yu S, Luo L, et al. Synthesis of uniform Te@ carbon-rich composite nanocables with photoluminescence properties and carbonaceous nanofibers by the hydrothermal carbonization of glucose[J]. Chemistry of Materials, 2006, 18(8)：2102-2108.

[27] Zheng R, Guo X, Fu H. One-step, template-free route to silver porous hollow spheres and their optical property[J]. Applied Surface Science, 2011, 257(69)：2367-2370.

[28] Zheng R, Meng X, Tang F. A general protocol to coat titania shell on carbon-based composite cores using carbon as coupling agent[J]. Journal of Solid State Chemistry, 2009, 182(5)：1235-1240.

[29] Zheng R, Zheng K, Fu H. Te/C coaxial nanocable as a supporting material for loading ultra-high density Pt nanoparticles at room temperature[J]. Applied Surface Science, 2011, 257 (2011)：8024-8027.

[30] Qian H, Yu S, Gong J. High-quality luminescent tellurium nanowires of several nanometers in diameter and high aspect ratio synthesized by a poly (vinyl pyrrolidone)-assisted hydrothermal process[J]. Langmuir, 2006, 22(8)：3830-3835.

第6章　纳米二氧化钛与净水木

长久以来，工业化快速发展下，废气废水废料的大量排放、生活垃圾、农药喷洒、化肥施用、养殖业抗生素的滥用以及人口数量的几何增长等，使得淡水资源加剧短缺。环境污染负荷的进一步增加，更加重了本已严峻的水体污染。综合来看，水污染问题不但加重了灌溉可用水资源的短缺，成为农作物、粮食等生产用水的一大制约因素，而且直接影响到了居民的饮水安全、粮食生产和农作物安全，造成了一系列经济损失。根据统计信息，水中的污染物多达2000多种，其成分有重金属离子、有机染料、抗生素、化肥、农药等，自来水里有765种污染物（其中有190种对人体有害，20种致癌）。污染水的使用，已经导致了许多居民的健康问题，比如伤寒、霍乱、腹泻、肝炎等。在我国，只有11%的人饮用符合我国卫生标准的水，而高达65%的人仍在饮用受污染的水，如1.1亿人在饮用高硬度水，7000万人饮用高氟水，3000万人饮用高硝酸盐水。由此可见，目前应当对水资源进行合理的防控、处理，以形成良性循环。

从净水原理，水处理技术路线主要有以下几种：①营养物的去除和通过加氯、紫外辐射或者臭氧技术对污水进行消毒；②通过离子交换树脂，物理吸附去除水中有害阴离子、阳离子；③利用太阳光或者紫外线，借助纳米二氧化钛等光催化剂，将水中有机污染物通过多步光催化降解，最终降解为无毒、无害的二氧化碳和水；④基于蒸发、蒸馏原理，利用太阳能等蒸汽发生装置将污水、海水中的矿物质、重金属离子留在水体中，而将水蒸发冷凝获得纯净水。总而言之，前两种为传统净水路线，已大规模普及，在城市供水体系、工厂、实验室广泛应用，所处理对象为轻污染或者无污染水体；后两种是随着纳米材料的发展，新出现的污水处理技术，处理对象为富含有机污染物、重金属离子等的工业废水、生活污水及海水淡化。根据物理化学性质，本章将水中污染物分为有机污染物（有机染料、抗生素、化肥、农药等）和不与水一起蒸发的无机污染物（如碳酸盐、硝酸盐、硫酸盐、氯化物及各种重金属离子），分别适用于第③、④种净水技术。

太阳能作为一种清洁、价廉、取之不尽的绿色能源，国内外科研工作者将其用在水净化方面并已经投入了诸多努力：太阳能蒸汽产生技术对海水、污水净化提纯、太阳能发电、以及利用太阳光催化降解污水中的有害化学物质。一方面，二氧化钛、氧化锌等半导体材料在太阳光中的紫外线或者可见光的照射下，所产生的光生电子和空穴可光催化降解水中的有机污染物；另一方面，利用吸热材料将太阳能转变为热能，直接将海水、污水的水蒸发再结合冷凝收集技术，得到净水。本章第一节是关于表面粗糙混合相二氧化钛中空亚微米球的制备及光催化降解水中有机染料。第二节关于漂白木基净水木，又分为两种：纳米二氧化钛在漂白木表面和多孔结构内部负载形成的三维、可漂浮、易回收、可循环使用的木材基光催化复合材料；通过将碳纳米管在漂白木表面修饰，构建漂白木基太阳能蒸汽产生装置模型，分别通过光催化降解水中有机污染物及从污水中产生水蒸气达到净水的目的。

6.1　粗糙表面的混合相二氧化钛中空亚微米球

二氧化钛，作为一种重要的过渡金属氧化物，因为广泛用于颜料、电子陶瓷、催化剂、木材保护、农用塑料薄膜、护肤品、食品包装、塑料、天然和人工纤维、传感器和吸附剂、感光材料、染料敏化太阳能电池、光电化学电池等领域，而备受关注[1-2]。1972 年，Fujishima 和 Honda 发现了二氧化钛电极在光催化作用下可分解水，这是均相光催化材料发展进程中的一个里程碑[1]。1977 年，随着 Frank 和 Bard 首次发现二氧化钛能降解废水中的氰化物，二氧化钛在水纯化、空气净化以及污水处理等领域越来越得到广泛的研究和应用[2]。

二氧化钛在自然界中存在板钛矿(brookite)、锐钛矿(anatase)和金红石相(rutile)三种晶型。金红石型和锐钛矿型二氧化钛均具有光催化活性，尤以锐钛矿型的光催化活性最强。三种晶型均由相同的[TiO_6]八面体结构单元构成，它们的主要区别在于八面体的排列方式、连接方式和晶格畸变程度的不同。锐钛矿相二氧化钛为四方晶系，每个八面体与周围 8 个八面体相连(4 个共顶角，4 个共边)，4 个二氧化钛分子组成一个晶胞。对于金红石相而言，虽然也是四方晶系，与锐钛矿相不同的是，晶格中心为一个钛原子，八面体棱角上为 6 个氧原子，每个八面体与周围的 10 个八面体相连(8 个共顶角，2 个共边)，2 个二氧化钛分子组成一个晶胞。金红石相的对称性、八面体畸变程度和 Ti-Ti 键长都比锐钛矿相小，而 Ti-O 键长大于锐钛矿相。板钛矿相二氧化钛为斜方晶系，6 个二氧化钛分子组成一个晶胞。三种晶型中，锐钛矿相和板钛矿相属于热力学亚稳相，在加热处理过程中会发生不可逆的放热反应，转变成热力学稳定相——金红石型二氧化钛。由锐钛矿向金红石的相变过程包括成核和长大两个过程，即金红石相首先在锐钛矿相的表面成核，然后向体相扩展。在相转变过程，不断发生着键的断裂和原子重排，是一个逐步转变的过程。锐钛矿中的{112}转变为金红石相的{100}面，Ti、O 原子发生协同重排，大部分钛原子通过 6 个 Ti-O 键中的两个键断裂迁移到新的位置形成金红石相，因此氧离子的迁移形成点阵空位可促进相变，而 Ti 间隙原子的形成会抑制相变。通常条件下，锐钛矿和板钛矿向金红石相的转变温度在 500~700℃，而且相变温度与颗粒尺寸、颗粒间距离、颗粒间排布、杂质等密切相关。

影响二氧化钛光催化活性的主要因素有：晶型、比表面积。对大多数催化应用而言，在三种晶型中，锐钛矿相催化活性最高。然而最近的研究表明，如果在锐钛矿相二氧化钛中加入适量催化活性相对惰性的金红石相，其催化活性有显著提高[3-4]。例如，Degussa P25，一种催化领域中常用的商品化二氧化钛催化剂，含有 30% 的金红石相和 70% 的锐钛矿相[5-6]。合成混合相二氧化钛的方法主要有气相沉积[7-8]、溶液相(常与高温烧结结合)，如溶胶—凝胶、水热溶剂热法等[9-10]。例如，Gray 等人的研究结果表明，混合相二氧化钛纳米复合材料可以通过溶剂热—高温烧结的方法制备[10]。在他们的实验中，HCl/Ti 摩尔比和溶剂中水的含量共同决定锐钛矿—金红石的比例。尽管各种实验参数，如酸度、温度、掺杂离子、熟化时间在溶液相方法中的影响，在以前的文献中都做了探讨，但是都针对实心结构材料，如薄膜、纳米棒和纳米实心球等。与实心结构材料相比，由于具有大的比表面，中空球在作为催化剂时常表现出较高的催化活性[11-12]。本节工作通过水热/高温烧结路线，对具有粗糙表面的混合相(锐钛矿—板钛矿，锐钛矿—金红石)二氧化钛进行了研究。水热时间，烧结温度是两个重要影响因素。并考察了对有机染料，如罗丹明 B 的光催化活性。实验结果显示，混合相(金红石含量为 2.5%)二氧化钛呈现出最强的光催化活性，是未经水热处理二氧化钛的 5 倍。

6.1.1 实验部分

6.1.1.1 粗糙表面混合相二氧化钛中空球

聚苯乙烯为核二氧化钛为壳的亚微米球(PS/Am-TiO₂)核壳球通过以前的文献所报道的实验步骤得到[13]：作为模板的阴离子 PS 球首先通过乳液聚合的方法得到(过硫酸钾为引发剂)；然后通过混合溶剂法(氨水为催化剂，钛酸四丁酯为钛源)，在 PS 球表面包覆上二氧化钛壳。离心分离，乙醇洗涤 3 次，干燥后备用。磁搅拌下，PS/Am-TiO₂ 核壳球(0.1g)分散在 35mL 去离子水中，然后转移至聚四氟乙烯反应釜中。然后在 80℃电热干燥箱中静止放置一定时间。自然冷却到室温，离心分离，水与乙醇各洗涤 3 次，干燥后备用。

6.1.1.2 光催化降解罗丹明 B 水溶液

光催化活性是通过测量二氧化钛为催化剂，光降解罗丹明 B 水溶液。具体步骤如下：首先，混合相二氧化钛样品(5mg)分散在 50mL 罗丹明 B 水溶液(0.01mmol)；其次，上述混合溶液在黑暗的环境下静止 30min 以达到罗丹明 B 在二氧化钛表面吸附平衡；再次，上述溶液在 250W 汞灯下光照，灯离液面约 25mm。光强约为 760μW/cm² (UD-36，Topcon Corporation，Japan)；最后，间隔一定时间，取出溶液，离心分离(2000rpm)二氧化钛颗粒后，通过 UV-vis 吸收来检测罗丹明 B 的浓度，罗丹明 B 的吸收峰位置为 553nm。

6.1.1.3 表　征

产品的形貌用 JEOL JEM-200CX 透射电子显微镜观察，工作电压为 200kV，采用明场方式。电镜观察所用样品用超声清洗机超声分散到无水乙醇中，以形成比较均匀的悬浮液。然后将悬浮液滴到铜网上，空气中搁置几分钟待溶剂挥发完全后备用。扫描电镜采用 Hitachi S-4300 扫描电子显微镜，样品的制备方法是将目标物的乙醇溶液滴在铝片或硅片上，室温干燥。紫外可见(UV-vis)吸收光谱采用 JACSCO 570 分光光度仪。产品的物相和纯度用 X 射线粉末衍射(XRD)进行了检查。仪器型号：Japan Regaku D/max γA X 射线衍射仪，X 射线源为石墨单色器滤波的 Cu-Kα 辐射(λ=1.54056Å)，扫描速度为 0.02°/s，扫描方式为 θ~2θ 联动，2θ 扫描范围为 10~80°。二氧化钛纳米颗粒的平均粒径采用谢乐公式，如下：

$$D = 0.89\lambda/(B\cos\theta) \tag{6-1}$$

$$B = (B_{测量}^2 - B_{标准}^2)^{1/2} \tag{6-2}$$

式中，θ 为衍射角,°；B 为半峰宽,°；峰宽通过硅片进行校正。

6.1.2 结果与讨论

此合成路线包括如下三个步骤：①通过混合溶剂法，氨为催化剂，在聚苯乙烯球(PS)表面包覆无定型二氧化钛层；②水热处理，将无定型二氧化钛层转化为板钛矿—锐钛矿相复合相二氧化钛(AB-TiO₂)；③高温烧结，除掉 PS 模板，得到 AB-TiO₂ 或锐钛矿—金红石复合相二氧化钛(AR-TiO₂)中空球。金红石相的含量可通过调节水热时间或烧结温度来调节。

6.1.2.1 表面粗糙二氧化钛中空球的合成

根据以前文献的实验步骤[13]，合成了 PS/Am-TiO₂ 核壳球，由图 6-1 中 A 可知，在包覆二氧化钛前，PS 的尺寸约为 260nm。由图 6-1 中 B 可知，包覆后，尺寸增大为 360nm，即二氧化钛的壳层厚度约为 50nm。TEM 图(图 6-1 中 B 的插图)进一步证明了，作为核的 PS 球尺寸约为 260nm，二氧化钛壳的厚度约为 50nm。值得指出的是，此时二氧化钛层的表面是光滑致密的。经过水热处理(80℃，1d)，光滑致密的二氧化钛壳层变得粗糙。SEM 照片(图 6-2 中 A)表明，二氧化钛壳层由尺寸为 10nm 左右的纳米颗粒组成。由于纳米颗粒间存在间隙，导致了 PS/AB–TiO$_2$ 核壳球的尺寸由原来的 360nm 增大至 380nm。SEM 照片（图 6-2 中 B）表明，空气中高温烧结（700℃，4h）后，表面粗糙的形貌得以保持。由于 PS 球通过高温烧结被除掉，因此表面粗糙的二氧化钛中空球被成功合成。烧结后，二氧化钛中空球的尺寸减小为 340nm。

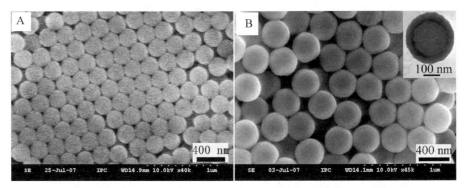

图 6-1　SEM：A 为 PS 亚微米球；B 为 PS/Am–TiO$_2$ 核/壳亚微米球，B 中的插图为相对应的 PS/Am–TiO$_2$ 核/壳亚微米球的 TEM

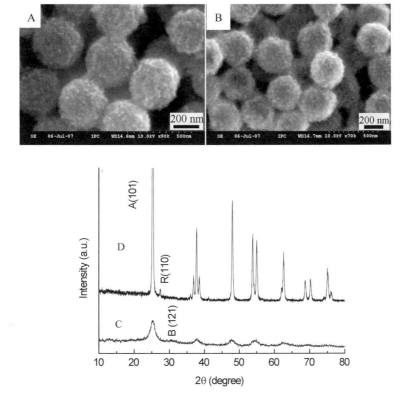

图 6-2　SEM、XRD：PS/AB–TiO$_2$ 亚微米球（A、C），80℃水热处理图 6-1 中 B 样品 1d 得到；粗糙表面 AR–TiO$_2$ 中空球（B、D），700℃空气烧结 4h

X 射线衍射（XRD）被用来表征上述样品的晶型。由以前的文献报道可知，通过钛酸四丁酯（TBOT）水解所得到的二氧化钛为无定型相。由图 6-2 可知，经过水热处理（80℃，1d）后的样品，其 XRD 衍射峰可指标化为锐钛矿相（JCPDS，No. 21–1272）和板钛矿相（JCPDS，No.

29-1360)。空气中，700℃高温烧结 4h 后，其 XRD 衍射峰可指标化为锐钛矿相(JCPDS，No. 21-1272)和金红石相(JCPDS，No. 21-1276)。由下列公式可知，金红石相的含量约为 2.5%。

$$X_A = \left[1 + 1.26 \left(I_R / I_A \right) \right]^{-1} \tag{6-3}$$

$$X_R = 1 - X_A \tag{6-4}$$

式中，X_R 为金红石相二氧化钛在 AR-TiO$_2$ 中的质量分数,%；I_R 和 I_A 分别为金红石相(110)和锐钛矿相(101)衍射面的衍射峰积分面积。

6.1.2.2 影响最终产物形貌和晶型的因素

烧结温度和水热时间对最终产物的形貌和晶型有很大影响。如果水热时间一定(80℃，1d)，随烧结温度升高，二氧化钛中空球将由 AB 型转变为 AR 型。简单而言，当烧结温度低于 600℃时，最终产物是 AB-TiO$_2$ 中空球。当烧结温度到达 700℃时，开始有金红石相出现，板钛矿相消失，即产物转化为 AR-TiO$_2$。并且，随烧结温度进一步升高，金红石相含量增加。例如，当烧结温度升高为 800℃时，金红石含量约为 81%。另一方面，当烧结温度一定时(800℃，4h)，随水热时间延长，金红石含量也随之增加。即，当水热时间由 1d，延长到 1.5d、2d 和 3d 时，金红石含量由 81% 增加到 85%、91% 和 100%(图 6-3)。也就是说当水热时间延长到 3d，800℃空气中烧结 4h，可以得到纯金红石相二氧化钛。

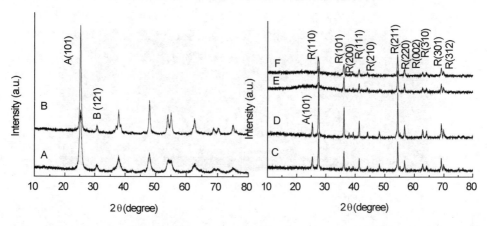

图 6-3 AB-TiO$_2$ 的 XRD，不同温度烧结图 6-2 中 A 样品：450℃(A)；600℃(B)；AR-TiO$_2$ 的 XRD，通过在空气中 800℃烧结 4h，前驱体经过水热处理不同时间：1d(C)，1.5d(D)，2d(E)，3d(F)

水热时间对二氧化钛的形貌也有很大影响。如图 6-4 所示，当水热时间低于 1.5d 时，800℃空气中烧结 4h，目标产物的形貌为多孔中空球。由图 6-4 中 C 可知，当水热时间进一步延长到 2d 时，800℃空气中烧结 4h，大部分中空球坍塌成实心球状颗粒，只有少部分产物还保持球形。当水热时间为 3d 时，目标产物全部坍塌为实心球状颗粒。

6.1.2.3 影响二氧化钛从锐钛矿向金红石相转变的因素

对锐钛矿向金红石相转变有重要影响的是：锐钛矿纳米晶的尺寸、板钛矿的存在、二氧化钛的堆积方式。以前的文献已经证实，在高温烧结时，适当尺寸的 A-TiO$_2$ 比较容易转化为 R-TiO$_2$[13,14]。即，当尺寸小于 14nm 时，A-TiO$_2$ 纳米颗粒的尺寸越大越易转化为 R-TiO$_2$。另一方面，板钛矿相二氧化钛的存在，也使得从 A-TiO$_2$ 向 R-TiO$_2$ 的转变更加容易[14]。二氧化钛中板钛矿相的含量越高，金红石相的成核点越多，锐钛矿向金红石的转变速率越快，转化温度也相应降低。经过水热处理不同时间后，样品的 XRD 衍射如图 6-5 所示。由谢乐公式可知，随着水热时间延长，A-TiO$_2$ 纳米晶的尺寸由 5.4nm 增大到 6.7nm。而且，随着水热时间延长，板钛矿的含量也逐渐增大。这两个因素都导致了随着水热时间的延长，金红石含量

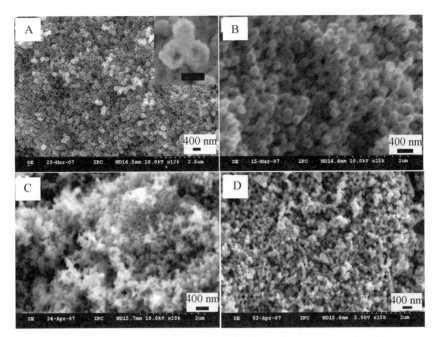

图 6-4 AR–TiO₂ 的 SEM(800℃空气中烧结 4h)，A∼D 代表不同水热处理时间：
A 是 1d，B 是 1.5d，C 是 2d，D 是 3d

也逐渐增大。

　　二氧化钛纳米晶的堆积方式也对 A–TiO₂ 向 R–TiO₂ 的转变有着重要影响。Zhang 等人已经证明，A–TiO₂ 向 R–TiO₂ 的转变是通过锐钛矿纳米晶的适当接触所产生的类金红石元素开始的[15]。如果锐钛矿纳米晶之间排列不够致密，将会阻止 A–TiO₂ 向 R–TiO₂ 的转变。由图 6-2 中 A 可知，水热处理导致了锐钛矿纳米晶之间的排列是疏散的。不经过水热处理，PS/Am–TiO₂ 亚微米球(二氧化钛纳米晶是紧密排列的)在 500℃空气烧结 2h，金红石相的特征衍射峰就已经出现[13]。经过水热处理后，PS/AB–TiO₂ 亚微米球则需要在 700℃空气烧结 4h 才有金红石相的特征衍射峰出现。

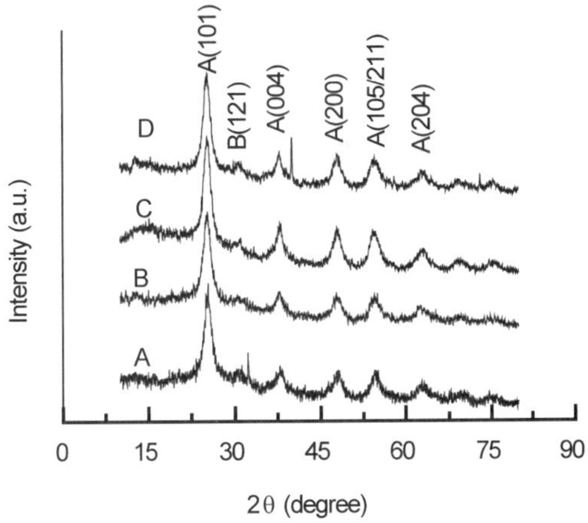

图 6-5 不同水热处理时间，二氧化钛的 XRD
A 是 1d；B 是 1.5d；C 是 2d；D 是 3d

6.1.2.4 二氧化钛的光催化性质

　　二氧化钛的光催化机理可由 Plank 方程描述，见式(6-5)：

$$h\nu = E_g \tag{6-5}$$

　　式中，ν 为入射光频率，Hz；h 为 Plank 常数，即 6.63×10^{-34} J·S；E_g 为带隙能，ev。

　　电子要从价带跃迁到导带，必须满足的条件是：辐射光波长必须不小于由式(6-5)所计算的波长。TiO_2 的价带和导带分别为+3.1V 和–0.1V，带隙能为 3.2eV。由式(6-5)知，二氧化钛作为光催化剂所需要的光波长为 388nm，此值接近紫外光波长。因此，在紫外光辐射下，二氧化钛在一定波长(小于 388nm)的光激发后，位于导带上的电子受到激发而跃迁产生激发电子，与此同时在价带上产生空穴。这些电子和空穴都带有一定的能量，并且可以自由迁移，当它们迁移到催化剂表面时，则可与被吸附在催化剂表面的化学物质发生化学反应，产生大量的具有高活性的自由基。然而，这些光生电子和空穴都不稳定，易复合并以热量的形式释放。以前的文献结果表明，光催化效率主要决定于两种过程的竞争，即表面电荷载流子的迁移率和电子—空穴复合率的竞争。如果载流子复合率太快（小于0.1ns），那么，光生电子或空穴将没有足够的时间与其他物质进行化学反应。而对于二氧化钛而言，这些光生电子和空穴的寿命较长（约250ns），这就提供足够的时间让电子和空穴转移到二氧化钛的表面，在二氧化钛表面会形成不同自由基，最常见的是OH自由基[16]。

Martin等人提出了TiO$_2$光催化剂的光催化反应机理[17]：在紫外光照射下（波长小于388nm），二氧化钛催化剂产生光生电子和空穴。在极短的时间内（ps），光生电子迁移到二氧化钛表面，被表面所吸附的化学物质捕获，从而生成了Ti^{3+}中心。二氧化钛表面上吸附的氧气分子是非常有效的电子捕获剂，它可以有效地阻止大量Ti^{3+}的产生。或者阻止一个电子从Ti^{3+}转移到吸附氧而形成O^{2-}阴离子自由基。而吸附在二氧化钛表面上的水分子及氢氧根离子被二氧化钛价带空穴氧化而形成氧化剂，即OH。因此，纳秒时间内对被捕获的电子与空穴的复合以及发生光催化氧化还原反应都是至关重要的。如何增加电子和空穴的捕获剂的数量，抑制光生电子与空穴的复合，稳定OH等对光催化反应非常重要。

通过测量对罗丹明B水溶液的光降解，评价了混合相二氧化钛的光催化性质。在所有光催化实验中，二氧化钛的浓度均是0.1g/L。在其他条件一定时，通过改变烧结温度，即二氧化钛的物相组成，来评价对罗丹明B的光降解速度。随着烧结温度从450℃升高到600℃、700℃、800℃，催化速度先增高后降低。700℃烧结，金红石含量为2.5%时，二氧化钛的催化效率最高。以紫外光照射时间（t）为横坐标，罗丹明B溶液浓度与初始浓度比值的自然对数（$\ln(c/c_0)$）为纵坐标，得到图6-6。混合相二氧化钛光降解有机染料罗丹明B时，基本遵循准第一级反应（pseudo-first-order）。烧结温度为450℃、600℃、700℃和800℃时，光催化速率常数分别为0.0068min^{-1}、0.0135min^{-1}、0.0190min^{-1}和0.0056min^{-1}。与前述XRD结果（图6-3中A、B）结合，可得出以下结论：随着结晶度的提高，AB-TiO$_2$的光催化活性提高。对于AR-TiO$_2$而言，随着金红石含量的增加（从2.5到81），光催化活性降低。为了对比，做了以下几种类型二氧化钛的光催化活性测试。纯金红石相二氧化钛的光催化活性基本可以忽略不计（图6-6）。P25是一种商品化的二氧化钛光催化剂，尽管在同等条件下对罗丹明B的光催化速率常数为0.0402（数据未显示），高于本章的具有粗糙表面的混合相二氧化钛。但是，由于其较小的尺寸（21nm），使得其不易从溶液中分离循环使用。

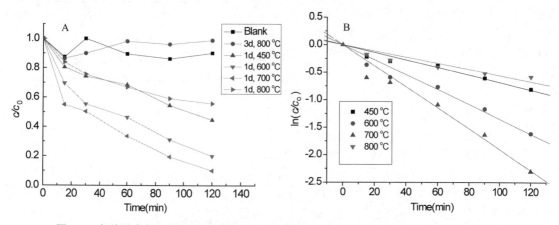

图6-6　各种混合相二氧化钛对罗丹明B的光催化降解：A是$c/c_0 \sim t$，B是$\ln(c/c_0) \sim t$

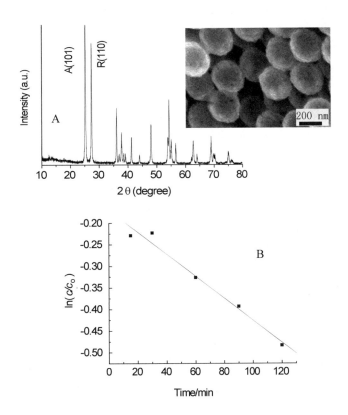

图 6-7　不经过水热处理的具有光滑表面的二氧化钛中空球：XRD、SEM 和对罗丹明 B 的光催化降解

如图 6-7 所示，如果不经过水热处理，直接烧结(700℃，4h)得到具有光滑表面的二氧化钛中空球，其催化速率常数为 0.0033min⁻¹，只有同等条件下经过水热处理的具有粗糙表面的二氧化钛中空球的催化速率常数(0.0190min⁻¹)的 0.174。如果在 550℃下烧结 4h，得到具有光滑表面的 AR-TiO₂(金红石含量约为 3%)中空球，其光催化速率约为 0.0061min⁻¹，约为经过水热处理的 1/3。因此，可以得出结论：经过水热处理，可以得到具有粗糙表面的二氧化钛中空球，其光催化活性高于未经过水热处理的二氧化钛样品。

6.1.3　小　结

通过水热法与高温烧结法相结合，本章得到了具有粗糙表面的复合相二氧化钛中空球，并考察了水热时间、烧结温度对晶型的影响，最后测试了对有机染料罗丹明 B 的光催化降解活性。主要结论如下：

(1)PS/Am-TiO₂核壳复合亚微米球为前驱体，通过水热法与高温烧结的方法相结合，成功制备出具有粗糙表面的混合相(AB 或 AR)二氧化钛中空亚微米球。

(2)水热时间对晶型的影响：当水热时间由 1d 延长到 3d 时，金红石相的含量可从 81% 提高到 100%。

(3)烧结温度对晶型的影响：烧结温度低于 700℃，得到 AB 混合相二氧化钛中空球，温度高于 700℃时，得到 AR 混合相二氧化钛中空球。

(4)对罗丹明 B 的光降解：烧结温度从 450℃升高到 800℃时，光降解速率常数先升高后降低。700℃时(金红石含量约为 2.5%)，所得到具有粗糙表面 AR-TiO₂ 中空球的光降解速率常数最大，为 0.0190min^{-1}，是未经水热处理的具有光滑表面的 AR-TiO$_2$ 中空球光降解速率常数的 5 倍。

（5）尽管具有粗糙表面 AR-TiO$_2$ 中空球的光降解速率常数只有常用二氧化钛光催化剂 P25 的一半。但是由于具有亚微米尺寸，与 P25 相比，具有易回收的优点。

6.2 纳米材料与净水木

6.2.1 背景知识

木材是一种在地球上分布广泛、天然、可再生、低密度、分级多孔生物质材料。木材由许多管状且与生长方向平行的管胞以及管胞之间的"pits"、纤维素纤维间的空隙组成了木材分级多孔、三维、微纳通道，不仅用于从土壤中输送水、营养成分到树干、树叶，进行光合作用，还使得木材质轻、力学性能优良。此前，科研工作者在超疏水、软化、尺寸稳定化、强化、阻燃、防腐、多功能改良、溶胶—凝胶等改性、功能化木材方面深入开展了研究。如今，通过去除木质素，利用木材纤维素骨架上新生成的微纳分级多孔结构进行木材渗透性研究、提高木材化学改性功能化效果，深入研究木材改性功能化处理方法与性能之间的关系，赋予木材更强、更新的性能。例如，木材已被用作制备 TiO$_2$ 纳米材料的模板，且用 TiO$_2$ 纳米颗粒改性过的木质基材料明显增强了自身的耐候性能，更有学者将钯纳米颗粒沉积在木材骨架内部以高效处理废水[18-21]。天然木材虽然具有分级多孔、可快速输送水、高强重比、刚柔适中、可再生利用等优点，但由于具有吸光（吸收范围从 300~600nm）、疏水性质的木质素大量存在（20%~30%），木质素可吸收紫外—可见光且疏水，导致木材等生物质材料不能应用于光催化剂载体，且输送水时速度偏慢。经过脱木质素处理的漂白木材在保留原有多孔、质轻的特性基础上，还拥有了比天然木材更快的水运输速度，可透过紫外可见光，可容纳二氧化钛纳米材料形成三维多孔光催化复合材料。因此，针对当前水污染现状及净水原理[22-23]，漂白木一方面有望作为一种优良的光催化剂载体制备可漂浮、可透过紫外可见光、可高效循环使用的木材基光催化复合材料，将水中有机污染物最终降解为无毒的二氧化碳和水；另一方面可作为太阳能蒸汽发生材料，高效产生水蒸气，从而为淡水资源短缺提供可行性解决方案。

6.2.1.1 基于光催化降解有机污染物的净水技术

为了快速、经济、高效地从废水中去除染料等有机污染物，物理吸附、光催化降解、化学氧化和膜过滤等处理方法已被应用到各项研究之中，其中光催化降解已被证明是较高效率的染料降解处理方案[24-28]。非均相光催化是基于紫外线的一种催化手段，使用波长短于 380nm 的光线以使得半导体材料（如带隙约 3.2eV 的 TiO$_2$，响应于约 380nm 波长的紫外线辐射）激发电子从价带到导带，生成电子—空穴对，它们用作光催化降解染料进程中的氧化剂和还原剂[29]。TiO$_2$ 的催化效率受许多因素的影响，例如晶体结构、颗粒尺寸、掺杂离子等[30-37]。但是，TiO$_2$ 纳米颗粒悬浮液在光催化降解进程中，倾向于在高浓度染料溶液中团聚，催化结束后难从溶液中分离和回收。为解决上述问题，各种支撑材料，例如陶瓷材料（如分子筛、二氧化硅、沸石和黏土）[38-41]、碳材料（如活性炭、碳纳米管、石墨烯和石墨）[42-44]、聚合物（如壳聚糖、聚酰胺、聚酯）[45-47]已被大量用来负载光催化剂。但是，这些负载材料带来了其他挑战。例如，陶瓷类载体由于其高密度而将沉降在其容器的底部，而上部溶液中的染料将吸收紫外线进行自身光降解，而抑制了光催化剂降解。碳材料载体的缺陷是在于自身的黑色会吸收紫外可见光[48-50]。因此，研制一种低密度的载体材料以漂浮在染料溶液液面上来有效利用紫外光进行光催化降解仍然是一个挑战。本节拟将纳米 TiO₂ 负载在漂白木复合材料上用于防止其聚集、沉降，并有助于回收与循环使用。此外，漂白木这种三维多孔结构材料不仅可以负载光催化剂纳米颗粒，还具有优良的紫外线透射率以及源源不断地向上表面传输有机染料的特性，因此可漂浮、易回收、可循环使用、高效降解水中有机污染物。

6.2.1.2　基于太阳能蒸汽生成的净水技术

太阳能蒸汽产生技术已经被证明是海水淡化和水污染净化领域最有前途、最可能规模化的技术之一，受到了国内外学者的极大关注[51-68]。影响太阳能蒸汽产生效率的四个关键因素是：光热转换材料、热能控制、水输送和水蒸发[62-65]。基于上述因素，诸多专家学者设计和开发了各种形式的太阳能蒸汽产生材料[51-61]，例如有用于局部生热的等离子体金属颗粒[57-59]，具有黑色表面的双层形式高效光吸收和热控制材料[61]，具有更宽带谱太阳光线吸收性和亲水性表面的碳质材料的[54]。最近，受树木的水分蒸发的启发，碳纳米管（CNTs）改性的水平切割木材[50]、石墨涂层垂直切割的木材[52]、氧化石墨烯涂层的木材[64]、表面碳化以及垂直切割的木材[65]等材料已被证明是高效的太阳能蒸汽发生材料。此外，经过 ALD 处理的中国墨汁涂层薄膜[66]。由于同样对光热的吸收性[50]进行了系统优化，其独特的结构是由碳质表面作为光吸收层，木材基质等作为隔热物质，从而实现了热控制和水分蒸发的高效进行，其中木材中微、纳通道作为水的运输路径。而在太阳能蒸汽产生的效率方面，南京大学 J. Zhu 团队用金纳米颗粒填充在有着 30~400nm 孔隙的特制铝材料中[58]。所得材料在 1 倍太阳光照下产生蒸汽量为 0.8~0.9kg/（m²·h）。湖北大学 Xianbao Wang 等人用聚乙烯亚胺改性还原氧化石墨烯基形成双层体系生成太阳能蒸汽[62]，所得材料 RGO/MCE 蒸汽产生量为 1.0kg/（m²·h）。美国马里兰大学教授团队在天然木材基础上研发出的 F-wood/CNTs 材料在 1 倍太阳光照下的蒸汽产生量为 0.95kg/（m²·h）[50]。美国阿贡国家实验室 Darling 教授团队提出的中国墨汁涂层薄膜的蒸汽产生量为 1.0~1.1kg/（m²·h）[66]。

基于原木的多孔结构可提高日光的光热转换和热控制能力，尽管上述木材基太阳能蒸汽发生装置已被证明可以显著提高太阳能蒸汽产生效率，且可规模化，但主要集中碳纳米管、石墨、氧化石墨烯、碳化表面以及中国油墨等各种光热转化材料的优化设计上。少有文章通过改性木材获取更高的水传输和水蒸发能力来提高太阳能蒸汽发生设备的效率[50]。木质细胞壁主要由纤维管胞和管腔组成，管腔直径在 10~100μm，是快速输送水的通道[64-66]。在木质细胞壁中，纤维素微纤维镶嵌入木质纤维素基质中，而具有疏水性能的木质素在其中起着增强细胞壁的作用，虽然提高了机械性能但降低了水的运输能力，降低了木材基太阳能蒸汽发生装置的水蒸气产生效率。

因此，本节中基于光催化降解水中有机污染物及太阳能蒸汽发生机理的两类净水木的构建及应用示意图如图 6-8。首先在笔者双氧水汽蒸法制备大尺寸、超厚漂白木的基础上，表征所制备漂白木的木质素残留量、分级多孔形貌、透光率、机械强度、水输送速度等。然后将具有光催化活性的纳米二氧化钛（市售P25）修饰在漂白木表面及多孔骨架内，制备出三维（3D）、可漂浮、可循环使用的木材基光催化复合材料（漂白木—P25）；将具有光热转化性能的碳纳米管

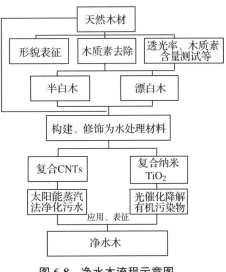

图 6-8　净水木流程示意图

（CNTs）涂覆在漂白木表面构建出太阳能蒸汽发生装置（漂白木—CNTs）。最后，考察了漂白木—P25、漂白木—CNTS分别在太阳光催化降解水中有机污染物和太阳能蒸汽生成方面的应用。主要内容如下：

（1）漂白木的制备与表征

基于现有文献中的木质素去除方法，选取双氧水汽蒸法去除木质素，通过优化反应温度、浓度、反应时间等措施，使其适于较大尺寸、一定厚度（不少于5mm）的木材样品。通过SEM、透光率、机械强度、木质素含量等测试，表征木质素残留量、木材纤维素骨架的分级多孔结构、UV-vis透光率、机械强度及水输送速度等。

（2）漂白木–P25三维光催化复合材料及光催化降解

首先，将市售、锐钛矿（80%）和金红石（20%）混合相的TiO_2光催化剂（P25）沉积在三种木基载体骨架内部，即漂白木—P25（BP-wood），半漂白木—P25（HBP-wood）和使用等量P25的天然木材（NP-wood）。前两种分别通过除去约95%的木质素和50%左右的木质素获得。SEM等测试证明，所制备的漂白木基光催化复合材料，P25纳米颗粒可沉积在漂白木表面和内部细胞壁上形成三维光催化复合材料。其次，以亚甲基蓝（MB）水溶液为光催化降解目标有机污染物，研究了上述三种木质催化剂载体复合材料在室外1倍太阳光照条件下的亚甲基蓝水溶液的光催化降解效率。值得说明的是，除本节使用的P25光催化剂、NB有机染料之外，对于其他类型光催化剂及有机污染物同样适用。

（3）漂白木—CNTs太阳能蒸汽产生装置

首先，将市售CNTs沉积在漂白木表面，SEM表征证明CNTs致密的沉积在漂白木表面，形成光热转化层。其次，将漂白木—CNTs、半漂白木—CNTs、天然木—CNTs作为太阳能蒸汽装置模型置于装满水的烧杯内，放置于室外，在室外1倍太阳光的照射下，通过定时测量水质量的减少，评估水蒸气产生的效率。

6.2.2 漂白木的制备与表征

通过双氧水汽蒸法去除大部分木质素得到的纤维素—半纤维素骨架是漂白木的制备基础。常规脱木质素方法如下[69-72]：①H_2O_2-HAc混合液；②氢氧化钠—亚硫酸钠沸腾溶液结合双氧水沸腾溶液漂白；③次氯酸钠溶液室温漂白；④醋酸盐的缓冲溶液内的亚氯酸钠。上述各种方案都能获取纤维素—半纤维素骨架，且在方法分类上均属于氧化漂白。但处理完成后内部残留的木质素含量都比较高，且一旦需求厚度大、面积大的原料，以上方案目前难以满足。至于还原漂白的方式（如亚硫酸钠、亚硫酸氢钠、二氧化硫、草酸、次硫酸、抗坏血酸、山梨酸钠等），因漂白过程与生成的无色物质不稳定，一般难以工业化。综合考虑后，本节采用笔者提出的双氧水汽蒸法[73]，不仅去除木质素速度快，而且能得到木质素含量更低的漂白木，方法绿色、可规模化。

6.2.2.1 材料与方法

（1）实验材料

椴木作为天然木材，来自昆明木材市场。化学药品P25购买于德固赛集团（德国法兰克福）。H_2O_2（30%溶液）、亚甲基蓝（MB）、碳纳米管（CNTs）、乙醇等药品来自国药控股（中国上海）公司。

（2）漂白木的制作流程

选取一定尺寸的椴木，使用圆盘锯加工，辅以手工切磨等方式得到预实验的木材形状。沿木材生长方向垂直切割天然木材，获得大小为20mm×20mm×5mm的天然椴木（R型）。将30%的过氧化氢溶液转入500mL容量的烧杯中，放入木材底部支撑物体，在支撑物体上放置单元格大小为 5mm×5mm 的大网格。再将天然木材放置于大网格上，控温电炉加热[73]。详见第 8 章。双氧水蒸气处理不同的时间，获得本研究中所需的不同木质素含量的目标漂白木（0h处理—天然木材、1h 处理—半漂白木、4h 处理—漂白木），随后将样品取出并用乙醇与蒸馏水反复漂洗，得到湿润的漂白木并放于蒸馏水中，进一步去除残留的化学物质。干燥后取出备用。

6.2.2.2　纤维素、木质素等含量测定方法

（1）纤维素测定方法

将干燥后的样品置于研磨机中打磨至粉末状。为使得木质素转化为硝化木质素，易溶于乙醇中，取硝酸（20%）和乙醇（80%）的混合液处理上述粉末状漂白木，过滤剩余的残渣，洗涤并干燥，测定含量。称取 1.0g 粉末于称量纸，转移到锥形瓶内，加入硝酸和乙醇的混合液，回流冷凝并放于沸水浴加热 1h。将锥形瓶取下，过滤，并使用真空泵吸干滤液，将之前滤器的残渣全部引入原先锥形瓶内部，量取硝酸与乙醇的混合液，将剩余残渣全部冲洗进入锥形瓶。再次装上回流冷凝装置，加热 1h 左右。过滤，使用混合液冲洗残渣与锥形瓶，并全部转移到滤器内。继续洗涤至不显酸性。移入干燥箱，烘干至质量不变。称取其质量，其为纤维素的重量。

（2）木质素测定方法

天然木材处理成小碎片后，通过 40 目与 60 目的标准筛，通过 60 目的小碎屑放在干燥箱内干燥 3h，温度为 103℃。取上述碎屑，质量为 1.0g，使用滤纸包扎木屑。置于已加入乙醇和苯的索式抽提器内，加入混合液时要使液体全部进入提取瓶内，再次加入混合液到虹吸管高度的 1/2，抽提结束后将滤纸包扎的样品干燥。使用硫酸溶液（3%）洗涤滤纸，再用蒸馏水洗涤至不显酸性，干燥后滤纸称重，质量记录为 $a(g)$。先前滤纸包扎好的碎屑放于硫酸溶液（72%）中充分浸没，随后转入蒸馏水中加热至沸腾，并继续沸腾 2~3h。冷却后，用上述滤纸过滤不溶物质。洗涤上述滤纸，至不显酸性，用氯化钡溶液（10%）检测。至滤液无白色浑浊后，取下滤纸干燥至恒重，记录其质量为 $b(g)$。木质素含量计算公式为：

$$木质素含量 = (b - a)/1.0g × 100\% \tag{6-6}$$

（3）拉曼光谱对原木、漂白木的表征

对处理过的原木、漂白木薄片进行共聚焦拉曼显微镜测试，将其密封在载玻片和盖玻片之间，厚度均为 5mm。所有测量结果都记录在配备了电动 xyz 空间载物台和能实现反向散射功能装置的 LabRam HR Evolution（Horiba，France）上并进行后续数据分析。拉曼散射的激发是使用线性偏振 Nd-YAG 激光（λ=532nm）进行的。使用数值孔径为（NA）1.3 的 100 倍油浸物镜（日本东京，尼康）来最大化空间分辨率。用光谱仪（InVia）后面的风冷电荷耦合器件（CCD）相机捕捉拉曼光，光谱分辨率约为 1cm⁻¹。以 0.2s 的积分时间和 23mW 的激光功率在 300~1800cm⁻¹ 的光谱区域中以 300nm 的步长进行记录。测量设置以及包括宇宙射线去除和基线校正在内的初始数据处理均在 Wire 软件中完成。对于基线校正，使用了内置的自动智能背景消除功能。在完成这些初始步骤之后，将在基于 Matlab 的软件 Cytospec（2.00.01 版）中进一步处理数据。提取每个测量图的次要细胞壁和细胞角区域的目标区域（ROI），并计算平均值。所有细胞壁平均光谱均在 OPUS（版本 7.2，Bruker，Karlsruhe，德国）中 380cm⁻¹ 的峰上标准化了最小值和最大值。仔细检查所呈现的最终光谱后，将一个参数集的平均值再取平均值，随后绘制拉曼光谱图像。

6.2.2.3　漂白木基础性能

对本节中使用的 20mm×20mm×5mm 的天然椴木、漂白木等木材样品，在纤维素、木质素、透光率、力学性能等方面做测试表征。

（1）木材样品中纤维素的含量

纤维素的含量在天然木材、半漂白木、漂白木中的差异不是很大（图 6-9）。纤维素在脱木质素全过程中的降解量几乎可以忽略不计，这对去除大量木质素后的漂白木来说，完整保留了天然木材的原有纤维素骨架。对于 5mm 厚度的木材样品，经 0h、2h、4h 的双氧水汽蒸漂白，纤维素的含量分别为 44.62%、41.31%、40.11%（图 6-9），证明了纤维素在双氧水汽蒸过程中基本不降解。

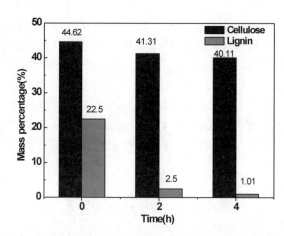

图 6-9　脱木质素过程中纤维素、木质素含量变化的百分比

（2）木材样品中木质素的残留量

不同于木材样品中纤维素的变化，木材中的木质素的去除量在脱木质素的过程中是非常多的。天然椴木的木质素初始含量（0h）大约为 22.5%，在第 2h 和第 4h 则只剩 2.5% 和 1.01%。在整个过程中，天然木材也从初始的灰黄色（0h）转变为橘黄色（1h），最后再转变为纯白色（3h、4h）。

（3）漂白木和原木拉曼光谱

拉曼光谱（Raman spectra）用以佐证脱木质素过程中的纤维素、半纤维素、木质素等含量变化情况。如图 6-10 所示，对于原木和漂白木，均存在峰值强度为 1602cm⁻¹ 峰值，可归结于木质素芳香环的拉伸振动。1300cm⁻¹ 处谱带的峰值降低证实了相对于天然木材来说，漂白木中的芳香族物质的去除，而芳香族物质是木质素中主要单体单元的标志[74]。并且归属于不饱和 C＝C 双键的 1730cm⁻¹ 处峰值强度是木质素交联密度的相对度量，其表现在漂白木中该值降低也进一步验证了木质素的大量去除。脱木质素后，很明显只有一小部分的木质素留在半漂白木与漂白木中。从图中还可以更直观地

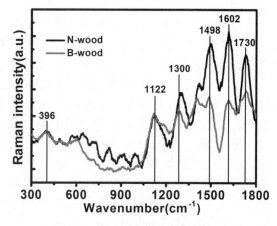

图 6-10　原木、漂白木的拉曼图

看到，漂白木在 1602cm⁻¹ 处的吸收峰还远低于半漂白木材，这充分证明了漂白木中相对于半漂白木存在更大部分木质素的去除。对于通常代表着纤维素的谱带（396cm⁻¹ 和 1122cm⁻¹）[75]，没有明显变化，这表明此双氧水汽蒸方即可有效去除木质素，又可完整保留

原木的纤维素骨架。

（4）漂白木与原木的微观形貌

从 SEM 可以清晰地看到，漂白以后纤维素骨架的完整保留。如图 6-11，天然木材的胞间质致密、光滑，而漂白木的胞间质部分呈疏松、多孔状。原木胞间质的致密结构被打破，管腔连接部位出现了众多微纳孔，且细胞壁变薄、垂直导管直径增大，不仅为 P25 纳米颗粒的沉积修饰提供了位点，还提高了物质运输效率，有助于染料溶液快速地向上传输至顶部表面进行光催化降解反应。

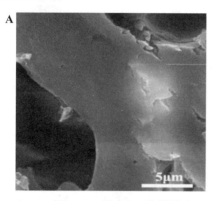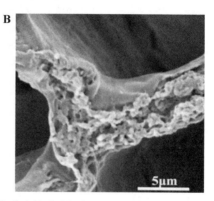

图 6-11　原木（A）和漂白木（B）细胞壁及管腔连接部分的 SEM

（5）透光率

透光率数据来源于紫外可见分光光度计（UV-VIS-IR 光谱仪，Hitachi，U-4100）。透光率（%）计算公式如下：

$$透光率 = T_2/T_1 \times 100\% \tag{6-7}$$

式中，T_1 代表积分球后面放置反射白板，而后再通过积分球后的光线透过数值；T_2 代表各木材样品放置到样品夹上的光线透过数值。

湿润状态的漂白木材和天然木材在 200～800nm 范围内的透光率如图 6-12 所示，值得注意的是，在 325～400nm 的紫外光范围内，漂白木仍然具有 0.5%～20% 的透光率，而天然木材由于存在 22.5% 的木质素而在大约 550nm 之前没有透光率（透光率为 0%）。对于光催化降解反应来说，325～400nm 波长范围内，漂白木相比于天然木材能透过 0.5%～20% 左右的光线，沉积修饰在漂白木内部骨架内的 P25 纳米颗粒也可以接收紫外线，因此，漂白木—P25 光催化复合材料是一种三维（3D）光催化复合材料。随着有机染料输送到木材内部和表面，整个漂白木—P25 均可光催化降解有机污染物，从而提高了光催化降解效率。

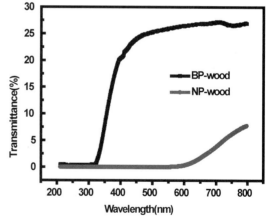

图 6-12　漂白木与天然木材的光学透光率（200～800nm 波长）

（6）漂白木水输送速度

为了研究有机物的输送能力，笔者设计了亚甲基蓝（MB）输送实验。将天然木材和漂白木放入 MB 水溶液中，观察一定时间后蓝色物质上升的距离。样品尺寸大小均为 6cm×1cm×

0.5cm，样品均使用砂纸磨砂光滑，之后使用蒸馏水反复洗净后干燥，尽量扣除无关因素的影响。如图 6-13 所示，5min 后，漂白木中的染料运输到达的距离比天然椴木远，这表明经过处理的漂白木材比天然木材具有更好的染料输送能力。漂白木和天然木材中的染料传输速度分别为 2.2mm/min 和 6.3mm/min，即漂白木的染料传输速度为天然木材的 2.8 倍。

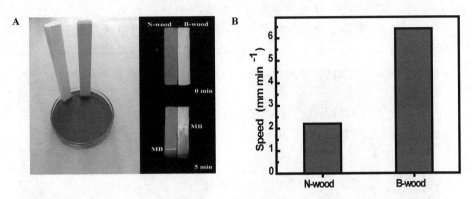

图 6-13   0~5min 内，MB 在漂白木和天然木材的输送距离图片(A)和输送速度(B)

(7) 漂白前后各木材的机械强度

使用通用机械测试拉力(SUNS UTM-5000)电子万能试验机测量机械性能(中国深圳)，测试的样品尺寸大小为 10cm×1cm×0.5cm，根据数据绘制出应力—应变(σ-ω)曲线。

应力—应变的计算公式：

$$\sigma = F/S \tag{6-8}$$

$$\omega = X/L \tag{6-9}$$

式中，σ 为应力，MPa；F 表示拉力，N；S 表示样品断裂处的横截面积，mm^2；ω 为应变，%，X 为样品施加力到断裂前所被拉长的位移距离，mm；L 为样品的原长度，mm。

图 6-14 呈现了天然木材与湿润状态下的漂白木的应力应变曲线。木质素含量为 1.01%的漂白木在湿润状态和干燥状态下的机械强度分别为 0.42MPa 和 2.5MPa，虽然相比天然木材(4.5MPa)的该项数值偏低，干燥状态下获得更高的机械强度足以保证其交通运输与场地变换等情况，且使得回收、循环使用成为可能。

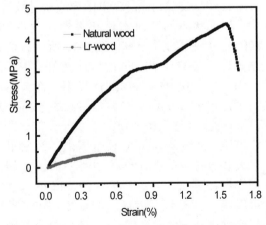

图 6-14   天然木材与湿润漂白木的应力–应变曲线

6.2.3 漂白木—P25 的制备及对亚甲基蓝光催化降解

针对粉末状光催化剂难分离回收、难循环使用、易造成二次污染、资源浪费等缺点，本节将原本不透光的木材，通过去除木质素获得漂白木，利用漂白木的分级多孔、可透紫外可见光的特性，将传统光催化剂—P25 纳米颗粒负载在漂白木表面和内部，形成三维、可漂浮、易回收、可循环使用的漂白木基光催化复合材料，抑制有机染料吸收紫外光而进行自身光降解并提升漂白木—P25 的光催化降解效率。

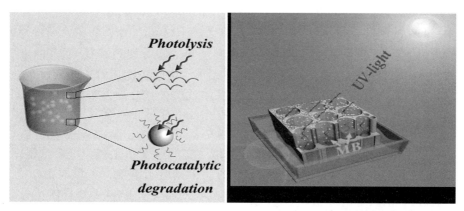

图 6-15 P25 悬浮液(左)、漂白木—P25(右)对亚甲基蓝光催化降解过程示意图

图 6-15 是 P25 悬浮液光催化降解有机污染物的示意图。P25 容易被溶液中的吸光染料包裹，使该染料发生自身光降解，从而削弱了 P25 对有机污染物的光催化降解。与 P25 悬浮液光催化降解机制不同，漂白木—P25 可漂浮在有机污染物污水液面之上，不仅避免了有机污染物的自身光降解，还易回收、可多次循环使用。因此，有机染料初始浓度越高，颜色加深，吸收紫外光后隔绝性强，溶液内的 P25 能接收的紫外光更少，且有机染料浓度越高，自降解效果越少。

漂白木—P25 复合光催化材料的制备示意图如图 6-16。首先通过双氧水汽蒸法去除原木中的木质素获得漂白木；然后将定量的 P25 纳米颗粒超声分散在去离子水中，静止过夜后，将上层 P25 悬浮液用涂覆、滴加等方式沉积修饰在天然木材、半漂白木材和漂白木表面和分级多孔纤维素骨架内，形成 NP-wood，HBP-wood 和 BP-wood 木材基复合光催化剂。

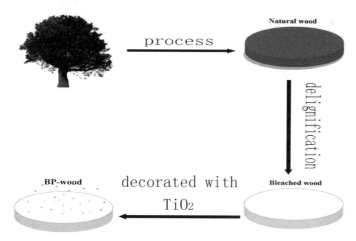

图 6-16 漂白木—P25 的制备过程示意图

6.2.3.1 实验材料与实验方法

(1)实验材料

本实验使用的药品为亚甲基蓝(中国上海，国药控股)，无水乙醇 & 乙醇(中国上海，国药控股)，过氧化氢(30%，中国上海，国药控股)，二氧化钛(P25，德固赛集团，德国法兰克福)。室外阳光(中国昆明，1 倍光照)。

（2）实验方法

漂白木—P25 的制备：通过 H_2O_2（30%）汽蒸天然木材 0h、1h、4h，分别得到天然木材，半漂白木，漂白木后（第 3~4h 内应注意使用微沸加热以防骨架破裂），用蒸馏水反复漂洗，去除内部残留的漂白产物、化学药品等，之后用无水乙醇除去漂白木中的残留水分，并在最后半湿润的状态下负载修饰 P25 纳米颗粒（即在无水乙醇处理之后，60℃处理 1h 左右，保留各木材样品的部分水分，以使得 P25 在木材样品表面和内部负载均匀），自然干燥备用，制备出 NP-wood、HBP-wood 和 BP-wood。

漂白木—P25 置入有机染料水溶液表面：称取一定质量亚甲基蓝、量取一定体积去离子水。调配 10mg/L、20mg/L、40mg/L、60mg/L 的亚甲基蓝水溶液，各量取 100mL 将其转入 100mL 烧杯中，将 NP-wood，HBP-wood 和 BP-wood 分别放入 100 mL 烧杯内。

对照实验：每个浓度（如 10mg/L）准备 R 型漂白木、半漂白木、天然木材、直接加入粉末对照组，均装饰有等量 P25 纳米颗粒；另准备 100mL 亚甲基蓝空白组，不添加 P25 纳米颗粒。实验结果可得出木质素残留量对亚甲基蓝溶液的输送速率的影响，进而影响了其光催化降解效率，还可得出空白对照组在阳光照射下的自降解程度等。

本节综合实际应用的广泛可行性，选取的光源为室外日间光照，通过测量，日间阳光光照强度为 100000Lux，其强度约为 1 倍光照。P25 纳米颗粒负载在漂白木（BP-wood）、半漂白木（HBP-wood）、原木（NP-wood）、P25 悬浮液对亚甲基蓝水溶液及亚甲基蓝水溶液在日光下的光催化实物图如图 6-17 所示。

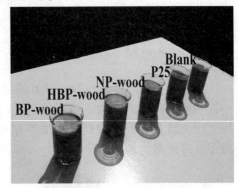

图 6-17 日间阳光下，各木材样品负载 P25、P25、空白组的降解图装置图片

6.2.3.2 光催化测试表征技术与方法

（1）仪器表征

使用扫描电子显微镜（scanning electron microscope，SEM，Nova NanoSEM 450，Lincoln，Ne，USA，加速电压为 5kV）拍摄天然木材以及漂白木的内部通道、气孔以及垂直导管等部位的微观形貌；通过紫外—可见吸光光度计（Cary500-Scan，Harbor，CA，USA）测量溶液的吸光度，进而获得不同时间各组的即时亚甲基蓝溶液浓度。

（2）光催化表征

光催化表征是在上述漂白木—P25、半漂白木—P25、天然木材—P25、直接添加 P25、空白亚甲基蓝溶液等对照组，在 P25 的光催化降解作用下测量即时的亚甲基蓝溶液浓度得到的。通过对比即时浓度变化衡量上述样品的光催化活性。在 100mL 的反应烧杯内取上层亚甲基蓝溶液少许转入离心管内，编号为漂白 1、2……n，半漂白 1、2……n，天然木 1、2……n，粉末 1、2……n，空白 1、2……n 等，随后将离心管放入离心机内以 2000r/min 的转速离心，以分离溶液内混合的少量 P25，天然木材组混合的少量木屑，稀释后再将上层清液转入 2mL 比色皿内，按编号顺序依次放入分光光度计内，设置吸光度测试波长为 664nm，后测量记录其吸光度，根据其吸光度得到各组溶液的即时浓度，根据初始浓度与各组溶液的即时浓度创建其拟一级动力学图像，最直观地观察出各对照组的催化降解效率，进而衡量木质素去除量对物质运输通道、漂白木的透光率以及与直接添加 P25 的对比等。

6.2.3.3 光催化结果与讨论

（1）漂白木—P25 的三维光催化降解机制

对于涂覆在漂白木上部表面的 P25 纳米颗粒具有光催化降解活性是毋庸置疑的，考虑到

P25 纳米颗粒不仅在漂白木的顶部表面上大量沉积，因脱木质素而生成的更宽阔、顺畅的通道以后，由于其分级多孔结构使得 P25 还可轻易渗透沉积修饰到漂白木的细胞壁、胞间质以及管腔内壁上，从而形成三维（3D）漂白木—P25 光催化复合材料。

　　如图 6-18 中 A 所示，P25 纳米颗粒在漂白木表面的大面积、致密分布。如图 6-18 中 B～D 所示，漂白木内部也成功沉积修饰有 P25 纳米颗粒（因聚集，尺寸从几至几十纳米不等）。例如，P25 纳米颗粒有在其气孔周围分散分布的情况（图 6-18 中 B），也有在细胞壁周围呈零散附着（图 6-18 中 C），还有在细胞壁角发生少量团聚（图 6-18 中 D）充分说明了漂白木内部已成功修饰有 P25 纳米颗粒，形成了漂白木基 3D 光催化复合材料。湿润状态的漂白木和天然木材在 200～800nm 的透光率已经如图 6-12 所示，在 325～400nm 的紫外线范围内，漂白木—P25 的透光率仍能达到 0.5%～20%，而天然木材—P25 由于存在 22.5% 含量左右的木质素，拥有更紧密的垂直导管、细胞壁、细胞壁角，在 550nm 之前透光率均约为 0。

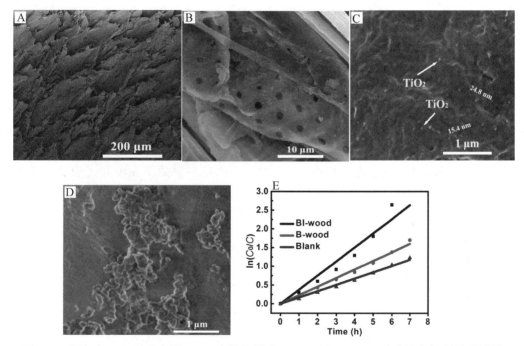

图 6-18　漂白木–P25 的上表面（A）、内部横截面（B～D）的 SEM；E 为去除上部表面（保留内部 P25）的 Bl–wood、不加 P25 的漂白木以及空白对照组对于 MB 的光催化降解（其中 C_0、C 分别是染料溶液的初始浓度和即时浓度）

　　为进一步证明漂白木—P25 的 3D 光催化降解活性，除了上述漂白木在 325～400nm 波长范围的光线可透过漂白木，P25 纳米颗粒也成功修饰在漂白木三维结构内部，还须提供漂白木内部修饰 P25 纳米颗粒直接发生光催化降解亚甲基蓝的数据，以更好说明漂白木除表面顶部的光催化反应外，内部也发生了光催化降解反应。

　　因此，使用砂纸打磨漂白木—P25 的向光表面，选择性去除沉积在漂白木表面的 P25 纳米颗粒，仅保留已渗透到漂白木内部的 P25 纳米粒子（Bl-wood）。3D 机制光催化降解论证实验如下，在环境阳光下，Bl-wood、漂白木—无 P25（B-wood）和空白组同时对 10mg/L 的亚甲基蓝（MB）水溶液进行光催化降解。根据即时浓度比绘制的 $\ln(C_0/C) \sim t$ 线性图如图 6-18e 所示，实验结果表明：Bl-wood、B-wood 以及空白对照组的光催化降解结果图大致遵循拟一级动力学反应。对于 BI-wood、B-wood 和 MB 水溶液空白组，降解速率常数分别为 $0.35h^{-1}$、$0.21h^{-1}$ 和 $0.18h^{-1}$。这也就是说，BI-wood 的光催化降解效率优于 B-wood 的纯纤维素吸附作和 MB 的自身光降解，进一步表明漂白木内部沉积的 P25 纳米颗粒也可进行光催化降解反应，最终证明了所制备的漂白木—P25 是一种三维光催化复合材料体系。

（2）漂白木—P25 的光催化降解效率表征

基于以上优势，漂白木是一种优良光催化剂载体。特别是在负载了催化剂之后，展示出了比原催化剂独自使用时更高的催化降解效率。本节探究了在有机染料浓度在 10mg/L、20mg/L、40mg/L、60mg/L 时各木材样品负载 P25、P25 悬浮液、空白对照组在阳光光照下的光催化降解情况。通过一系列表征方式直观阐述了以上各实验组的光催化降解效率。

如图 6-17 所示，所有木质基 P25 复合材料，包括漂白木—P25（BP-wood），半漂白木—P25（HBP-wood）和天然木材—P25（NP-wood）都可以漂浮在 MB 溶液液面上，沉积在木材顶部表面的 P25 纳米粒子层直接暴露在阳光之下，展示了此光催化装置的便携性、可漂浮、可规模化特性。在降解完与 P25 纳米粒子层接触的 MB 后，由于浓度差、毛细和蒸腾作用，水体溶液中的亚甲基蓝分子随水分子被持续输送到漂白木上表面用于光催化降解，使得水体中的亚甲基蓝等有机污染物源源不断地被光催化降解，从而起到净化水的目的。

通过测量大量实验数据取平均值，得到了漂白木—P25，半漂白木—P25 和天然木材—P25 作为光催化剂复合材料来催化反应的 MB 光降解动力学曲线。总体而言，当木质素含量降低时，光催化效率增加。为了评估亚甲基蓝的光催化降解反应的动力学方程，假设该反应遵循拟一级动力学，前提是测量时染料被充分稀释至 5mg/L 以下。图 6-19 显示了在室外阳光照射下，漂白木—P25、半漂白木—P25、原木—P25、P25 悬浮液以及空白溶液的光催化降解效果。各漂白木—P25 复合光催化剂、P25 悬浮液、空白对照组在阳光光照下的光催化降解情况测试、验证，得出了以上各浓度时各样品对照组光降解图线，在浓度为 20mg/L 时，其调整系数约等于 0.9942，证明该模拟降解曲线情况符合一级动力学方程。因此，以上绘制的降解图像符合即时浓度对比，误差在可允许范围之内。其中，当 MB 的初始浓度为 20mg/L 时，各对照组的降解即时浓度随时间变化如表 6-1 所示。可明显得出：当浓度为 20mg/L 时，漂白木—P25 略低于 P25 悬浮液降解效率。当 P25 悬浮液太阳光照射 5h，MB 光催化降解完全时，漂白木—P25 组的即时浓度仍有 2.6mg/L 左右。

表 6-1　各对照组的降解即时浓度随时间变化　　　　单位：mg/L

时间	P25	漂白木—P25	半漂白—P25	天然木—P25	空白对照组
0h	20.000	20.000	20.000	20.000	20.000
1h	16.276	17.335	17.387	19.215	19.801
2h	9.833	12.778	13.541	17.561	19.603
3h	6.164	8.296	10.193	15.561	19.564
4h	2.626	4.553	8.304	13.677	19.420
5h	0.081	1.344	7.076	12.375	19.215
6h	0.000	0.761	5.787	11.086	19.023
7h	0.000	0.045	4.544	10.337	18.845

由图 6-19 可知，待降解染料初始浓度为 20mg/L 时，同一时间下纵坐标值最大的是 P25 对照组，对应五条过原点的直线中斜率最大的一条直线，即光催化降解效率在五个组别中最高。在 $\ln(C_0/C)$ 的图像中，C_0/C 恒大于 1，则纵坐标值取非负数，图像从原点开始，根据 ln

x 的原图像可知，函数呈单调递增趋势，则 C_0/C 的值越大代表着纵坐标越大，C_0（初始浓度值）不变，即即时浓度 C 越小，纵坐标值越大，直线斜率越大，因此可直观根据该图像直线斜率判断对照组中光催化降解效率最高的组别，便于数学统计。

笔者继续提高了染料（MB）的初始浓度，来验证在室外阳光照射下，漂白木—P25 对高浓度有机污染物（MB）光催化降解的优势。从图 6-20 中可以看出，当 MB 浓度分别增加到 40mg/L 和 60mg/L 时，漂白木的光降解性能与 P25 悬浮液相当甚至达到了更好（60mg/L 时）。众所周知，MB 分子可以通过自身光解而降解。随着 MB 浓度的增加，MB 分子将吸收更多的紫外光以进行光下的自解，从而抑制了 P25 悬浮液的光催化降解效率，而对漂白木的影响由于其漂浮性而可以忽略不计。

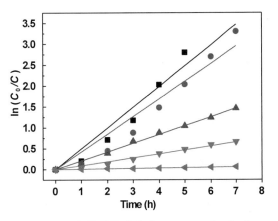

图 6-19 亚甲基蓝的浓度为 20mg/L 时，各对照组降解的溶液浓度（量化为直线）随时间变化图（从上到下依次为 P25，BP—wood、HBP—wood、NP—wood、Blank）

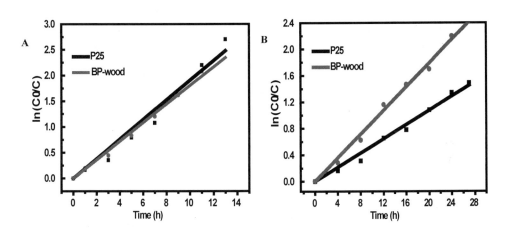

图 6-20 日间光照下，漂白木—P25 与 P25 纳米颗粒悬浮液对初始浓度 40mg/L（A）和 60mg/L（B）亚甲基蓝溶液的光催化降解效率曲线

在 40mg/L 的初始浓度下，P25 与漂白木—P25 的降解效率相当，其两条直线基本保持斜率相差无几（图 6-20）。可见，浓度提升的情况下，对漂白木—P25 的光催化降解却更为有利。在初始浓度为 40mg/L 的 MB，在日间太阳光照下，漂白木—P25、P25 大约均需要 13h 左右完成对原染料的降解。再次，当初始浓度从 40mg/L 又上升到 60mg/L，漂白木—P25 的降解效率竟然超过了 P25 的直接降解效率。图中，直线斜率更大且相同时间下对应的 $\ln(C_0/C)$ 值更大，代表着即时浓度相对于 P25 的直接降解来说更小，值得注意的是，从开始降解一直持续到降解结束，漂白木—P25 一直保持更低的即时浓度，这也充分展示了在高浓度下，漂白木—P25 装置避开了 P25 直接使用时的缺点，显示了自身新的优越性。对于 60mg/L 浓度的初始染料，在日间太阳光照下，漂白木—P25 大约需要 25h 左右完成对它的降解，而对于 P25 纳米颗粒悬浮液的对照组，则需要至少 29h。

染料的浓度从 20mg/L 提升到 40mg/L，再到 60mg/L 时，展示了漂白木—P25 的光催化降解效率由不及 P25 到与 P25 相当，再到超越 P25，证明了漂白木—P25 的良好应用前景，特别是在含高浓度有机染料污水的光催化降解场景。图 6-21 直观说明了在以上各浓度下，漂白木—P25 的增强效率，图中用 Enhancement factor 来表示，以 P25 的降解结束作为基准，剩余的漂白木—P25 组即时剩余浓度对比来得出纵坐标的数值。在浓度为 20mg/L 时，P25 降解结束后，漂白木—P25 组的溶液浓度为 2.6mg/L，得出该浓度下，漂白木—P25 组的光降解效率为 P25 的 87%。同理得出，40mg/L 和 60mg/L 下，

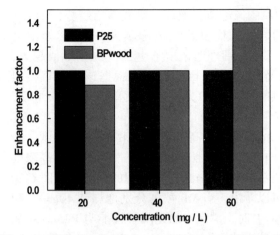

图 6-21　高浓度下漂白木—P25 相对于 P25 的增强效率

漂白木—P25 组的光降解效率分别为相应 P25 的 100% 和 140%。

（3）漂白木—P25 光催化降解的其他优点

①可回收、重复利用的特性

不同于粉剂类催化剂的直接投放使用，笔者的漂白木—P25 由于质轻、可漂浮等特点可上浮在待降解溶液的上表面，不像陶瓷载体会沉底，不像碳材料会吸收大量光线，不像聚合物材料制造、合成应用过程繁杂，因此它有可再生、易回收、可重复使用等新型优点。如 P25 直接分散至染料内部，被染料分子大量包裹、难以分离回收、重复再利用，还可能因为有机染料自身的遮光，而丧失一部分光催化活性，进而影响降解效率。而漂白木—P25 则可以完全克服此项缺点。

漂白木将 P25 收集在漂白木内部，不仅回收简单，且取出后经过适量干燥便可继续重复使用。本节也对漂白木—P25 的重复使用性能做了相应表征，如图 6-22，笔者的漂白木—P25 表现出优异的可回收、可循环使用的性能：在 5 次循环使用中，实现 20mg/L MB 溶液的完全光降解分别需要 6.5h、7.0h、6.8h、7.1h 和 6.9h。在光降解过程中漂白木—P25 的效率无显著下降。充分验证了其良好的易回收、重复使用。

②绿色、环境友好性

为了说明漂白木—P25 的绿色、环保，笔者对比了漂白木—P25、天然木材—P25、P25 纳米颗粒悬浮液这三个对照组光催化降解进程后的水体颜色及催化剂自身。如图 6-23 中 A 所示，光催化降解完成后，从溶液中取出漂白木—P25 和天然木材—P25。在光催化降解之后，P25 纳米颗粒悬浮液对照组由于 P25 纳米颗粒悬浮液难以回收，会导致整个烧杯内部出现白色浑浊，这表明该组的分离和回收困难，另一方面也为纳米颗粒对环境、生物的影响埋下了安全隐患。至于天然木材—P25 组，由于天然木材长时间浸泡，单宁等水溶性有色物质溶出，造成光催化降解后的溶液呈淡黄色。但是，对于漂白木—P25 而言，溶液是无色透明、无污染的，这充分表现出该组

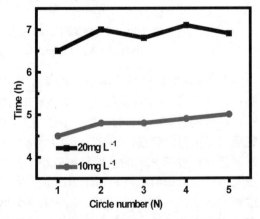

图 6-22　10mg/L 与 20mg/L 初始浓度下，漂白木-P25 循环 5 次降解亚甲基蓝溶液曲线

的清洁和对降解环境无污染。整个过程中，笔者进一步检查了光降解后的漂白木—P25 和天然木材—P25，如图 6-23 中 B、C 所示。与天然木材降解结束之后材料内部的蓝色（MB）相比，漂白木—P25 的外观与整个内部则变成了纯白色，没有明显的 MB 的蓝色残留。也就是说，漂白木—P25 内部的 MB 分子也已经被完全地光催化降解，这进一步证明了漂白木—P25 的三维型光催化机制。至于天然木材—P25，尽管天然木材—P25 表面上的 MB 发生了光催化降解，但被多孔木材所大量物理吸附的 MB 分子仍然保留在材料内部，进一步证明天然木材—P25 由于不可透过 UV-vis，不具备 3D 光催化特性。因此，漂白木—P25 不仅具有天然木材—P25 同样具有的可漂浮、可再生、可循环使用的优点，还具有独特的三维、无二次污染的独特优越性。

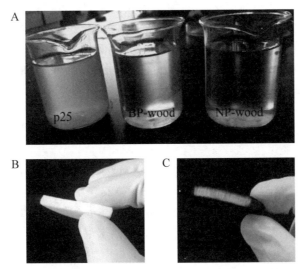

图 6-23　A 中自左到右分别是 P25、漂白木—P25、天然木材—P25，光催化降解完成后亚甲基蓝水溶液的照片；B、C 分别是漂白木—P25、天然木材—P25 内部横截面的照片

6.2.4　漂白木—CNTs 基太阳能蒸汽发生装置

　　能源短缺同环境污染一样，正在成为人类社会可持续发展道路上亟待解决的问题。随着全球人口的递增性扩张，能源需求量日益膨胀，传统性能源（煤炭、石油等）日渐枯竭。另一方面，传统型燃料的燃烧、消耗造成了严重的环境污染，例如水体、空气、土壤污染、气候变暖、臭氧层破坏、生物多样性减少、酸雨蔓延、森林锐减等，已经严重影响到人类的健康。如此来看，研发一种绿色无污染、可持续、可再生的新能源使用方案已是人类社会可持续发展的急切需要。而太阳能作为一种清洁能源，已成为新能源开发的首选目标[76]。

　　太阳能蒸汽对海水与污水净化提纯、太阳能发电以及利用太阳光催化降解污水中的有害化学物质，成为近年来的热门研究领域。利用吸热材料将太阳能转变为热能，直接将海水、污水中的水蒸发，而重金属离子、矿物质等仍留在水体中，从而达到净化水的目的[76]。随着人们生活用水需求量的提升，人们对于净水资源的需求量也随之上升[77]。且大量的工业和生活污水未经处理直接排入水体中。在以上情况下，将河流、湖泊、废水池等污染的水源变成纯净的蒸汽，进而通过冷凝所产生的蒸汽并收集，最终达到净水目的。此外，由于产生的大量高温蒸汽还可用于太阳能发电，太阳能蒸汽发生装置变成一种新型、清洁、节能、可持续发展的水净化技术路线。

针对原木基太阳能蒸汽产生装置，水在原木中运输速度慢而导致的水蒸气产生效率低的问题，本节采取去除原木中的木质素获得漂白木，来提高水在漂白木内的输送速度、蒸发速度，从而提高太阳能蒸汽发生效率。

6.2.4.1 太阳能蒸汽产生实验材料与方法

（1）实验材料

R 型漂白木、半漂白木、天然木材（2cm×2cm×0.5cm）均来自于经过一定处理的天然椴木（均沿垂直于木材生长方向切割得到）。碳纳米管（CNTs）、无水乙醇、过氧化氢（30%）购买于国药控股（中国上海），去离子水来源于实验室自制。

（2）实验方法

漂白木、半漂白木、天然木材等样品的制备如前述。CNTs 涂覆过程如下：将市售 CNTs 粉末分散在丙酮中制成 CNTs 分散液[34]。首先将上述样品置于干燥箱内 60℃ 充分干燥至质量恒重并称重；然后再将这些木材样品浸入 CNTs 分散液中，取出空气风干。重复数次，以浸润添加、表面涂覆等各种不同的处理方式结合起来将 CNTs 的添加量达到原称量木材的约 0.4wt% 的量，从而得到 CNTs 涂覆的不同类型木材的最终产品（天然木材—CNTs、半漂白木—CNTs、漂白木—CNTs），备用。并用薄片、小刀等小型工具刮涂木材样品表面，让部分混合不均匀、团聚的 CNTs 在表面尽量有规则地均匀分布，使得样品表面显亮黑色，且均匀致密，记录各木材样品质量为 a。

将若干容量为 100mL 的小烧杯充分干燥备用，记录其单个的质量。将每个烧杯中均注入 100mL 的去离子水，称重记录质量为 b。漂白木—CNTs、半漂白木—CNTs、天然木材—CNTs 在各自称重记录后，分别置入一个已注水的小烧杯中并进行编号，其中每种木材样品应当至少准备 4~5 组相同的条件以备数值平均取样，保证数据准确性。将上述编号烧杯放在日间光照下，样品表面的 CNTs 吸收太阳光并转化为热量。由于木质基载体优异的隔热性能，所产生的热量集中在 CNTs 表面，而整个水体温度变化不大，从而将表面的水加热成蒸汽逸出。每隔 1h 将各烧杯放于电子天平下称量质量，记录为 S；得出室外每小时风干影响的质量为 f。各样品每小时产生的太阳能蒸汽量计算公式如下：

$$E = a + b - S - f \tag{6-10}$$

对照实验：每个小烧杯准备 R 型漂白木、半漂白木、天然木材、空白无处理蒸馏水对照组，含木材样品的对照组均涂覆等量的 CNTs，考察木质素残留量对水在木质基骨架内的输送速度的影响、室外风干影响情况等对太阳能蒸汽产生效率的影响，还可得出空白对照组在阳光照射下的自然蒸发量等。

6.2.4.2 太阳能蒸汽产生测试与表征方法

扫描电子显微镜（scanning electron microscope，SEM，Nova NanoSEM 450，Lincoln，Ne，USA，加速电压为 5kV）拍摄了天然木材以及漂白木的内部通道、气孔以及垂直导管等部位的微观形貌；使用通用机械测试拉力（SUNS UTM-5000）电子万能试验机测量机械性能（中国深圳）表征材料的机械强度，样品尺寸大小为 10cm×1cm×0.5cm，根据数据后续绘制出了应力—应变曲线；使用了电子天平（精确到 1/10000）测量了天然木材以及漂白木等木材样品、烧杯和水的质量等多组数据并用于数据精准以及 CNTs 的精准取样（每份样品 CNTs 质量约为木材样品的 0.4wt% 左右）；室外阳光光照（中国昆明，1 倍）等。

用式（6-10）可以得到准确的太阳能蒸汽产生量 E。为了进一步证明漂白木—CNTs 的蒸汽量产生效率，设计了木材样品的自蒸发实验。即不负载 CNTs，在各样品湿润状态下，日间光照，自身通过吸收阳光的热量进行水分损失量的测试。即漂白木、天然木材不依靠吸热材料而通过自身吸热来产生的质量损失。这项数据进一步说明了经过木质素的去除，获得了通道的更顺畅、气孔更多的漂白木，其水蒸气自挥发能力就强过天然木材，在吸热材料 CNTs 的协同作用下，进一步提升了太阳能蒸汽产生能力。

6.2.4.3　漂白木基太阳能蒸汽装置

漂白木—CNTs 的制备过程及太阳能蒸汽产生机制见图 6-24。漂白木—CNTs 的制备仅包括两步：去除木质素获得漂白木；负载光热转化材料—CNTs。太阳能产生机制如下：漂白木表面的 CNTs 吸收阳光转变为热量，由于木材良好的隔热性能，热量被限制在木材上表面，而整个水体温度基本不上升。CNTs 通过光热转化产生的热量将与其接触的水升温变成蒸汽。而底部的水随着上表面水蒸发，又源源不断地输送到上表面，从而持续地将水变为水蒸气，而重金属离子、矿物质等不挥发物质留在水体内。如果将蒸发出去的水蒸气冷凝收集，则达到净化水的目的。因此，漂白木—CNTs 被称为漂白木基净水木。值得指出的是，除了 CNTs，其他光热转化材料，比如石墨烯、中国墨汁、漂白木表面直接碳化适用本技术路线。

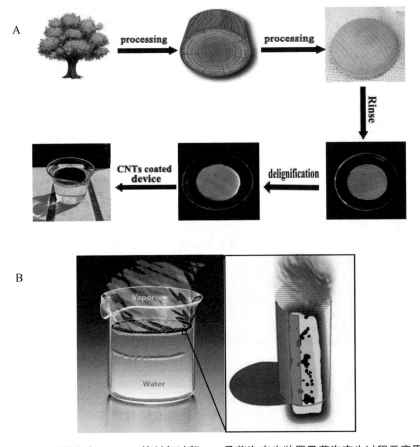

图 6-24　A 是漂白木—CNTs 的制备过程；B 是蒸汽产生装置及蒸汽产生过程示意图

（1）漂白木–CNTs 与天然木材–CNTs 的宏观、微观结构

如图 6-25 所示，天然木材的胞间质部仍然呈严密、平整形状，而漂白木的胞间质部出现大小不一的微纳孔，且天然木材的纤维素骨架仍保持完整。经双氧水汽蒸脱除木质素，漂白木既继承天然木材的分级多孔纤维素骨架，且产生更多的孔隙通道有利于水分子由本体水向上传输，对后续吸热后蒸汽的产生与逸出也起着至关重要的作用。

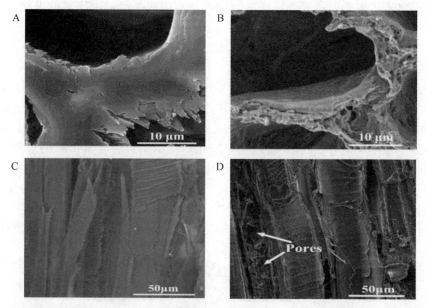

图 6-25 天然椴木(A)和漂白木(B)胞间质的 SEM，天然椴木(C)和漂白木(D)内部细胞壁的 SEM

　　从外观图片上看，漂白木在脱木质素之后仍然继承了之前的形态、大小。图 6-26 很好地展示了各木材样品的直接外观图像。图中自左到右分别是天然木材、半漂白木、漂白木。天然木材经过蒸馏水、乙醇反复洗涤干燥后，由于有色物质的溶出而呈现褐色，半漂白木经过脱除一半的木质素后棕黄色明显下降，略显淡黄色，而漂白木由于 95% 左右木质素被去除则显纯白色。

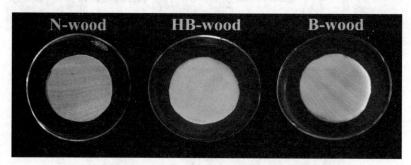

图 6-26 天然木材、半漂白木材、漂白木的实物相机照片

（2）太阳能蒸汽产生量

　　通过水的净化、脱盐和蒸馏等方式，再结合蒸汽再冷凝的太阳能蒸汽发生技术被认为是利用太阳能来处理海水或其他污水的最有前景的技术之一。基于树木的蒸腾作用，使用碳纳米管(CNTs)改性的漂白木材(漂白木—CNTs)被应用于可回收且高效的太阳能蒸汽产生装置，用于低成本且可规模化的太阳能蒸汽净水领域。受益于漂白木—CNTs 材料的独特结构特点，表现了出色的吸光性、物质运输能力，纳米通道也有益于水分的输送与扩散。这是由一个独特的结构组成的碳质表面作为光吸收剂，木材作为隔热材料以及木材的分级多孔微纳通道作为水输送路径的新型太阳能蒸汽发生装置[50]。众所周知，木材细胞(轴向气管)呈圆柱形结构，具有较高的长宽比，并且主要与树的树干平行[78]。这些高纵横比的微通道与射线状结合单元从心材内部到树皮呈放射状延伸，形成连续的多孔网络，可以输送水和营养。利用木材

的微通道网络将水输送到光热蒸发表面的反应层。这种水向上流动的机制类似于树木中的蒸腾作用[79]，即由于水分蒸发，漂白木—CNTs顶部的负压会在其内部产生很大的毛细作用力。在资源有限的环境中，利用充足阳光进行水处理和能规模化的木材，结合简单的涂层工艺使木材对蒸汽产生领域极具吸引力。

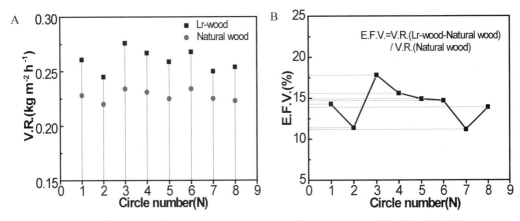

图 6-27　日光照射下，漂白木、天然木产生的蒸汽量对比（A）和蒸汽量提升效率（B）

为了验证漂白木与天然木材相比在水分自挥发方面具备的优越性，将蒸馏水润湿的漂白木和天然木材置于日间阳光光照条件下进行自蒸发。通过除去疏水性木质素产生了微孔和较光滑的容器通道，漂白木在阳光下的水分蒸发速度比天然木材快。漂白木和天然木材在室外阳光充足的条件下进行了 8 个循环的蒸馏水自挥发。如图 6-27 所示，与天然木材相比，漂白木材的自挥发增强因子为 12%～18%，展示了在没有光热转换材料辅助下，漂白木自身优于天然木材的隔热、水输送速度，从而提升了蒸汽产生效率。

在以上自挥发量优于天然木材的基础上，本章节还详细表征了漂白木与天然木材水分运输能力。将漂白木和天然木材同时沿树木生长方向放入盛有蒸馏水的器皿中，放置相同时间，观察水分子沿木材纵向传输的距离，并大致计算两者水分运输的速率。

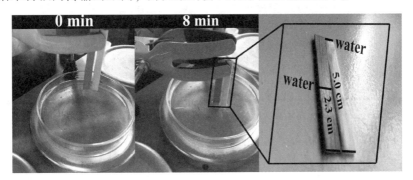

图 6-28　第 0min、8min 水分子在天然木材、漂白木材上的输送的距离

水分子在天然木材、漂白木材内的输送实验如图 6-28 所示。同时将 5mm 厚的天然木材（左）和漂白木材（右）放入去离子水中，经过一定时间后观察记录水的输送距离。由右图可知，漂白木材中的水分子总是向上输送更高位点，这表明漂白木材比天然木材具有更好的水输送能力。经过 8min 的水分子渗透，5mm 厚度的天然木材和漂白木材上水分子分别到达了 2.3cm 和 5.0cm 的距离，其传输速率分别被表征为 2.8mm/min、6.2mm/min。

以室外太阳光为光源、漂白木—CNTs 复合材料为太阳能蒸汽产生装置主体、烧杯内的蒸馏水为蒸汽源，来评估太阳能蒸汽产生量(图 6-24)。太阳光照射后，漂白木—CNTs 表面的温度由于漂白木具有优异的隔热性能，而将光热转化所产生的热量局限在上表面，蒸汽产生量变多，并会随着光照强度的增加而增加[50]。太阳能蒸汽发生装置的蒸发效率在国际上一般由 evaporation rate 来表示(E. R.)，在其照射条件下(1Copt，定义为 1kW/m^2)，由电子分析天平记录质量变化数据，并绘制随木材样品不同而变化的函数(图 6-29)。在环境阳光(光照强度为 0.98kW/m^2，环境温度为 30℃)下持续太阳光照 10min 后，空白水对照组、天然木材—CNTs 组、半漂白木—CNTs 组和漂白木—CNTs 组的水分损失质量分别为 0.08kg/m^2、0.14kg/m^2、0.17kg/m^2 和 0.19kg/m^2。又如图 6-29 所示，在 1h 后，空白水对照组，天然木材—CNTs 组，半漂白木—CNTs 组和漂白木—CNTs 组的水分损失量分别为 0.79kg/m^2、1.24kg/m^2、1.31kg/m^2 和 1.40kg/m^2。10min 的产生量与 1h 的实验数据相比较，得出与以往研究结论一致：在刚开始 5min 蒸汽产生量会迅速到达一个最大值，随后便逐渐下降，过渡到一个稳定蒸汽量。

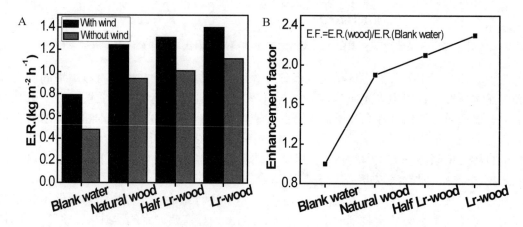

图 6-29　A 是有无风力影响下，各对照组的太阳能蒸汽产生效率；B 是扣除风力影响下，天然木材-CNTs、半漂白木-CNTs、漂白木-CNTs 相对空白组蒸汽产生效率的比值

由于上述户外实验受风影响，因此设计了实验扣除由风力引起的水蒸发。经过风力因素的扣除与对初始数据的分析处理，最后四个实验组的蒸汽发生率修正为：0.48kg/(m^2·h)、0.94kg/(m^2·h)、1.01kg/(m^2·h)和 1.12kg/(m^2·h)。如图 6-29 中 B 所示，最后三组的蒸发增强因子分别是空白水的 1.9 倍、2.1 倍和 2.3 倍，木材作为良好的物质运输材料，展现了空白水效率近 2 倍的太阳能蒸汽产生量。

在相同的环境阳光照射下，漂白木材—CNTs、半漂白木—CNTs 的蒸汽产生量比天然木材—CNTs 的蒸汽产生量分别高 20%、8%左右。可以看出，在白天的阳光照射下(1 倍光照)。一方面，漂白木材—CNTs 提高了太阳能蒸汽产生效率，即提高了太阳能的利用效率。另一方面，脱木质素木材在太阳能蒸汽发电领域展现了比天然木材更好更广阔的前景。经过计算，在正常的日光照射下(1 倍光照)，漂白木—CNTs 装置的太阳能效率达到 73%，这是使用以下方程式计算得出的[34]：

$$\eta = mh_{LV}/CoptP_0 \tag{6-11}$$

式中，η 为太阳能利用效率；m 为蒸发效率，kg/(m^2·h)；Copt 为光照强度，kW/m^2；h_{LV} 为包括吸热的液相汽相转变的总焓，J；P_0 为 1 标准太阳辐射，1kW/m^2。

与先前报道的在阳光(1 倍光照)下的太阳能利用率为 65%相比[34],漂白木—CNTs 的效率提高了近 8%。而且值得注意的是,当光强度从 1 倍光照连续增加到 10 倍光照时,蒸汽产生效率全面提高,太阳能利用效率逐渐提高。之前学者报道的 F-Wood/CNTs 膜在各种光照强度下(1 倍、3 倍、5 倍、7 倍光照)的太阳能利用效率分别为 65%、67%、72%和 77%。更有甚者,当光强增加到 10 倍光照,热效率达到目前最大值 81%,基于系统优化了光吸收、热控制和水输送三个关键环节,为当时所有报道出的最高太阳能利用效率[50]。首先,由于木材表面经粗糙化有毛发状的粗糙结构,几乎 100%的入射光可以被吸收。其次,CNTs 涂层可以作为高效、宽频光吸收器,光热转换效率显著提高。再次,作为良好的热绝缘材料,漂白木等木质材料可以有效地将空气—水界面的热量局域化,形成有效的热控制体系。最后是漂白木独特的分级多孔微纳通道结合亲水性纤维素骨架,在因水蒸发而造成的负压和毛细作用下,漂白木—CNTs 底部的水体中的水分子能够高效、快速地输送到漂白木—CNTs 上表面,从而显著提高了太阳能蒸汽产生效率[50]。

6.2.4.4　漂白木—CNTs 太阳能蒸汽产生装置的其他优点

如图 6-30 所示,笔者对漂白木—CNTs 太阳能蒸汽产生装置的循环使用的稳定性也进行了评价。经过 7 次循环使用,漂白木—CNTs 装置的蒸汽产生率分别为 1.192、1.208、1.211、1.1903、1.204、1.198、1.192,单位为 kg/(m² · h)。以上数据表明,漂白木—CNTs 具有良好的稳定性和可循环使用性。除此之外,F-Wood/CNTs 复合材料[50]的 SEM 已进一步证明:CNTs 可以牢固地黏附在木材基体的表面,甚至在剧烈摇动后,F-Wood/CNTs 材料仍表现出出色的结构稳定性,这将大大有利于蒸汽产生性能的循环使用的稳定性。

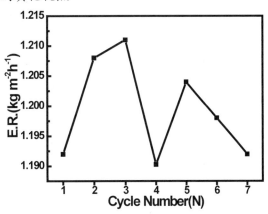

图 6-30　漂白木—CNTs 的 7 次蒸发速率循环使用情况

图 6-31　太阳光照前(A)和后(B),漂白木—CNTs 与天然木—CNTs 太阳能蒸汽发生装置内部水的照片

此外,从图 6-31 中 A、B 可以看出,太阳能蒸汽生成前后,烧杯内水的颜色变化验证了漂白木—CNTs 装置不会造成水体的二次污染。即在两者净水之前,两烧杯内部的水都是无色、清澈、透明,而在图 6-31 中 B 图天然木材组浸润到烧杯之后,由于木质素以及其他显色基团的溶出,对烧杯内部的水造成了二次污染,蒸发后剩余的水体呈黄色。而对于漂白木—

CNTs，由于大部分木质素及其他显色物质被有效去除而消除了溶出污染现象，因此烧杯内部的水体仍然无色、清澈、透明，展示了良好的绿色、环境友好性[80]。

6.2.5 结论与展望

6.2.5.1 结 论

来自大自然的材料——天然椴木等木材，通过双氧水汽蒸脱木质素得到漂白木，其木质素含量由天然木材的22%降至1%左右，在保持一定机械强度的前提下，赋予多项优越的性能，如：远高于天然木材的透光率、良好的隔热等热控能力、水等物质的快速输送能力、水分自挥发能力等[59]。特别是在二氧化钛、碳纳米管等纳米材料沉积修饰功能化之后，不仅可对污水中的有机污染物光催化降解，还可以通过太阳光照产生水蒸气，从而研制出漂白木基净水木。针对目前人类与环境美好和谐共处的政策方针，漂白木在复合纳米材料P25之后，高效地降解了有机染料（本文中以MB为例），降解效率在有机染料浓度高达60mg/L时超过了经典光催化剂P25，三维催化机制更是保证了降解结束之后的清洁无污染、易回收、可循环、环境友好以及可规模化特性[80]。研究灵感来自于树木的蒸腾作用，在专家学者的已有研究基础上，漂白木负载碳纳米管（CNTs）后成为了光热转化和控制良好、水分运输速率快、安全稳定的太阳能净水领域的蒸汽产生装置模型，在同等条件下蒸汽产生效率与国内外报道出的数据结果相媲美，这对太阳能应用领域具有非常巨大的参考价值[81]。总的来说，本节主要内容是针对水净化领域（有机污染物去除、污水提纯、太阳能蒸汽产生等）开展了研究。结论如下：

（1）通过双氧水汽蒸得到的脱木质素、纤维素骨架材料（漂白木）在透光率、物质输送能力、光热转化和控制、纳米材料负载能力、规模化等方面表现优异。

（2）漂白木可负载P25纳米颗粒，形成三维复合光催化剂。漂白木—P25对于有机染料的降解属于3D光催化降解机制，漂白木—P25在20mg/L、40mg/L、60mg/L展现了与P25悬浮液截然不同的降解效率，20mg/L时低于P25的降解效率，40mg/L时与P25的降解效率相当，而在高浓度60mg/L时则是超过了P25，展现了对高浓度污水高效净水能力；漂白木—P25的制备、降解过程安全绿色、对环境友好，不会造成二次污染；漂白木—P25对有机染料的降解可分离回收催化剂，可重复利用，且性能稳定。

（3）漂白木—CNTs在太阳能蒸汽产生效率方面表现出色。漂白木—CNTs的太阳能蒸汽产生效率在1倍光照下达到$1.12kg/(m^2 \cdot h)$，较天然木材—CNTs提高约20%，显示了其应用到太阳能净水领域的美好前景；漂白木—CNTs成本低廉、使用简单、无二次污染、易规模化、可循环使用，且在7次循环使用之后并未表现出明显的性能下降，展现了优异的稳定性。

（4）P25—漂白木、CNTs—漂白木等漂白木基净水复合材料的研制及对水净化，不仅为绿色、价廉、节能、可规模化净水奠定了基础，还有助于木材的高值化、功能化、拓宽木材的应用领域。

6.2.5.2 展 望

在本节中，研究了漂白木与纳米二氧化钛、碳纳米管等功能材料的复合。虽然呈现出许多优良性能。但是5mm厚度的漂白木因其木质素的大量去除，材料的机械强度受到了较大影响，进而影响了循环使用。另外，与本节使用的横切型木材原料相似，L型（沿木材生长方向平行切割）不仅具有更高的机械强度且操作更便携，更易规模化，须继续深入开展相关类似实验研究。

作为首次应用到光催化降解污染物、太阳能蒸汽发生装置模型的漂白木，它拓展了木材的应用范围，在改善其机械强度和使用方式后，相信其不仅在光催化降解有机污染物、太阳能蒸汽产生技术两大类净水领域会有较好表现，而且在负载、复合其他类型的功能纳米材料后，也会交叉产生新的应用领域。受制于现有的实验条件，漂白木基净水木的导热系数、温度分布、高倍太阳光照及规模化等方面尚须进一步开展工作。希望在未来，它能对高值化、功能型木材制品的研制，"节能减排"国策推进落实及"绿水青山"添砖加瓦。

参考文献

［1］ Fujishima A, Honda K. Electrochemical photolysis of water at a semiconductor electrode[J]. Nature, 1972 (238): 37-38.

［2］ Frank S, Bard A. Heterogeneous photocatalytic oxidation of cyanide ion in aqueous solutions at titanium dioxide powder[J]. Journal of the American Chemical Society, 1977(99): 303-304.

［3］ Sun J, Gao L, Zhang Q. Synthesizing and comparing the photocatalytic properties of high surface area rutile and anatase titania nanoparticles[J]. Journal of the American Ceramic Society, 2003(86): 1677-1682.

［4］ Su C, Hong B, Tseng C. Sol-gel preparation and photocatalysis of titanium dioxide[J]. Catalysis Today, 2004 (96): 119-126.

［5］ Miyagi T, Kamei M, Mitsuhashi T, et al. Charge separation at the rutile/anatase interface: a dominant factor of photocatalytic activity[J]. Chemical Physics Letters, 2004(390): 399-402.

［6］ Hurum D, Agrios A, Gray K, et al. Explaining the enhanced photocatalytic activity of Degussa P25 mixed-phase TiO$_2$ using EPR[J]. Journal of Physical Chemistry B, 2003, 107: 4545-4549.

［7］ Xu X, Wang M, Hou Y, et al. Effect of thermal annealing on structural properties morphologies and electrical properties of TiO$_2$ thin films grown by MOCVD[J]. Crystal Research & Technology, 2002, 37: 431-439.

［8］ Chen L, Graham K, Li G, et al. Fabricating highly active mixed phase TiO$_2$ photocatalysts by reactive DC magnetron sputter deposition[J]. Thin Solid Films, 2006, 515: 1176-1181.

［9］ Ovenstone J, Yanagisawa K. Effect of hydrothermal treatment of amorphous titania on the phase change from anatase to rutile during calcinations[J] Chemistry of Materials, 1999, 11: 2770-2774.

［10］ Li G, Gray K. Preparation of mixed-phase titanium dioxide nanocomposites via solvothermal processing[J]. Chemistry of Materials, 2007(19): 1143-1146.

［11］ Li Y, Kunitake T, Fujikawa S. Efficient fabrication and enhanced photocatalytic activities of 3D-ordered films of Titania hollow spheres[J]. Journal of Physical Chemistry B, 2006, 110: 13000-13004.

［12］ Li H, Bian Z, Zhu J, et al. Mesoporous titania spheres with tunable chamber stucture and enhanced photocatalytic activity[J]. Journal of the American Chemical Society, 2007, 129: 8406-8407.

［13］ Wang P, Chen D, Tang F. Preparation of titania-coated polystyrene particles in mixed solvents by ammonia catalysis [J], Langmuir, 2006, 22: 4832-4835.

［14］ Hu Y, Tsai H, Huang C. Effect of brookite phase on the anatase-rutile transition in titania nanoparticles[J], J. Eur. Ceram. Soc., 2003, 23: 691-696.

［15］ Zhang H, Banfield J. Polymorphic transformations and particle coarsening in nanocrystalline titania ceramic powders and membranes[J], Journal of Physical Chemistry. C, 2007, 111: 6621-6629.

［16］ Hoffmann M, Martin S, Choi W. Environmental application of semiconductor photocatalyst[J]. Chemical Reviews, 1995, 95: 69-96.

［17］ Martin S, Herrmann H, Choi W, et al. Time-resolved microwave conductivity (TRMC) 1. TiO$_2$ photoactivity and size quantization[J]. Journal of Chemical Society. Trans. Faraday Soc., 1994, 90: 3315-3322.

［18］ Sun Q, Lu Y, Tu J, et al. Bulky macroporous TiO$_2$ photocatalyst with cellular structure via facile wood-template method[J]. International Journal of Photoenergy, 2013, 649540.

［19］ Gao L, Gan W, Li J. Preparation of heterostructured WO$_3$/TiO$_2$ catalysts from wood fibers and its versatile photodegradation abilities[J]. Scietific Reports, 2017, 7(1): 1102.

[20] Zheng R, Tshabalala M, Li Q, et al. Construction of hydrophobic wood surfaces by room temperature deposition of rutile (TiO_2) nanostructures[J]. Applied Surface Science, 2015, 328(5): 453-458.

[21] Chen F, Gong A, Zhu M, et al. Mesoporous, three-dimensional wood membrane decorated with nanoparticles for highly effifficient water treatment[J]. ACS Nano, 2017, 11: 4275-4282.

[22] 张建. 高铁酸钾处理印染废水的试验研究[D]. 沈阳: 沈阳建筑大学. 2011

[23] 水污染 [EB/OL]. [2018-07-12]. https: //wenku. baidu. com/view/a62c20880408763231126edb6f1aff00bed570b0. html.

[24] 玛希. 污水处理工艺概述[J]. 内蒙古石油化工, 2017, (04): 64-65.

[25] Maity S, Rana M, Bej S, et al. TiO_2-ZrO_2 mixed oxide as a support for hydrotreating catalyst[J]. Catalysis Letters, 2001, 72(1): 115-119.

[26] Ali I. New generation adsorbents for water treatment[J]. Chemical Reviews, 2012, 112(10): 5073-5091.

[27] Panizza M, Cerisola G. Direct and mediated anodic oxidation of organic pollutants[J]. Chemical Reviews, 2009, 109(12): 6541-6569.

[28] Huang L, Chen J, Gao T, et al. Reduced graphene oxide membranes for ultrafast organic solvent nanofifiltration[J]. Advanced Materials, 2016, 28(39): 8669-8674.

[29] Gratzel M, Serpone N, Pelizzetti E. Photocatalysis: Fundamentals and Applications[M]. Eds.; Wiley: New York, NY, USA. 1989.

[30] Nishimoto S, Ohtani B, Kajiwara H, et al. ChemInform abstract: Correlation of the crystal structure of titanium dioxide prepared from titanium tetra-2-propoxide with the photocatalytic activity for redox reactions in aqueous propan-2-ol and silver salt solutions[J]. Journal of the Chemical Society Faraday, 1985, 81(16): 61-68.

[31] Fox M, Dulay M. Heterogeneous photocatalysis[J]. Chemical Reviews, 1993, 93(1): 341.

[32] Yoneyama H, Yamanaka S, Haga S. Photocatalytic activities of microcrystalline titania incorporated in sheet silicates of clay[J]. Journal of Physical Chemistry B, 1989, 93: 4833-4837.

[33] Zhang Z, Wang C, Zakaria R, et al. Role of particle size in nanocrystalline TiO_2-based photocatalyst[J]. Journal of Physical Chemistry B, 1998, 102(52): 10871-10878.

[34] Tsai S, Cheng S. Effect of TiO_2 crystalline structure in photocatalytic degradation of phenolic contaminants[J]. Catalysis Today, 1997, 33(1): 227-237.

[35] Paola A, Ikeda S, Marcì G, et al. Photocatalytic degradation of organic compounds in aqueous systems by transition metal doped polycrystalline TiO_2[J]. Catalysis Today, 2002, 75: 171-176.

[36] Hu C, Hsu T, Kao L. One-step cohydrothermal synthesis of nitrogen-doped titanium oxide nanotubes with enhanced visible light photocatalytic activity[J]. International Journal of Photoenergy. 2012, 51: 391958.

[37] Chen X, Mao S. Titanium dioxide nanomaterials synthesis, properties, modififications, and applications[J]. Chemical Reviews, 2007, 107(7): 2891-2959.

[38] Hsien Y, Chang C, Chen Y, et al. Photodegradation of aromatic pollutants in water over TiO_2 supported on molecular sieves[J]. Applied Catalysis B Environmental, 2001, 31(4): 241-249.

[39] Sampath S, Uchida H, Yoneyama H. Photocatalytic degradation of gaseous pyridine over zeolite-supported titanium dioxide[J]. Journal of Catalysis, 1994, 149(1): 189-194.

[40] Grieken R, Aguado J, López-Muñoz M, et al. Synthesis of size-controlled silica-supported TiO_2 photocatalysts [J]. Journal of Photochemistry & Photobiology A, 2012, 148(1): 315-322.

[41] Paul B, Martens W, Frost R. Immobilised anatase on clay mineral particles as a photocatalyst for herbicides degradation[J]. Applied Clay Science, 2012, 57: 49-54.

[42] Baek M, Yoon J, Hong J, et al. Application of TiO_2-containing mesoporous spherical activated carbon in a fluidized bed photoreactor—Adsorption and photocatalytic activity[J]. Applied Catalysis A General, 2013, 450 (15): 222-229.

[43] Hsieh S, Chen W, Wu C. Pt-TiO_2/Graphene photocatalysts for degradation of AO_7 dye under visible light[J].

Applied Surface Science, 2015, 340(15): 9-17.

[44] Li D, Jia J, Zhang Y, et al. Preparation and characterization of Nano-graphite/TiO$_2$ composite photoelectrode for photoelectrocatalytic degradation of hazardous pollutant[J]. Journal of Hazardous Materials, 2016, 315 (5): 1-10.

[45] Hamdi A, Boufifi S, Bouattour S. Phthalocyanine/chitosan-TiO$_2$ photocatalysts: characterization and photocatalytic activity[J]. Applied Surface Science, 2015, 339: 128-136.

[46] Lei Y, Zhang C, Lei H, et al. Visible light photocatalytic activity of aromatic polyamide dendrimer/TiO$_2$ composites functionalized with spirolactam-based molecular switch[J]. Journal of Colloid & Interface Science, 2013, 406(15): 178-185.

[47] Mejía M, Marín J, Restrepo G, et al. Preparation, testing and performance of a TiO$_2$/polyester photocatalyst for the degradation of gaseous methanol[J]. Applied Catalysis B Environmental, 2010, 94(1): 166-172.

[48] Zhu M, Li Y, Chen G, et al. Tree-inspired design for high-effifiency water extraction[J]. Advanced Materials, 2017, 29: 1704107.

[49] Liu H, Chen C, Chen G, et al. High-performance solar steam device with layered channels: artificial tree with a reversed design[J]. Advanced Energy Materials, 2017, 8(8): 1701616.

[50] Chen C, Li Y, Song J, et al. Highly flexible and effifclient solar steam generation device[J]. Advanced Materials, 2017, 29(30): 1701756.

[51] Ghasemi H, Ni G, Marconnet A, et al. Solar steam generation by heat localization[J]. Nature Commun, 2014, 5(1): 4449.

[52] Ito Y, Tanabe Y, Han J, et al. Multifunctional porous graphene for high-efficiency steam generation by heat localization[J]. Advanced Materials, 2015, 27(29): 4302-4307.

[53] Jin H, Lin G, Bai L, et al. Steam generation in a nanoparticle-based solar receiver[J]. Nano Energy, 2016, 28: 397-406.

[54] Ni G, Li G, Boriskina S, et al. Steam generation under one sun enabled by a floating structure with thermal concentration[J]. Nature Energy, 2016, 1(9): 16126.

[55] Wang G, Li Y, Deng L, et al. High-performance photothermal conversion of narrow-bandgap Ti$_2$O$_3$ nanoparticles[J]. Advanced Materials, 2016, 29(3): 1603730.

[56] Zielinski M, Choi J, La T, et al. Hollow mesoporous plasmonic nanoshells for enhanced solar vapor generation[J]. Nano Letters, 2016, 16(4): 2159-2167.

[57] Wang Y, Zhang L, Wang P. Self-floating carbon nanotube membrane on macroporous silica substrate for highly efficient solar-driven interfacial water evaporation[J]. ACS Sustainable Chemistry Engineering, 2016, 4(3): 1223-1230.

[58] Zhou L, Tan Y, Ji D, et al. Self-assembly of highly efficient, broadband plasmonic absorbers for solar steam generation[J]. Science Advances, 2016, 2(4): e1501227-e1501227.

[59] Zhou L, Tan Y, Wang J, et al. 3D self-assembly of aluminium nanoparticles for plasmon-enhanced solar desalination[J]. Nature Photonics, 2016, 10(6): 393-398.

[60] Li H, Xu W, Tang M, et al. Graphene oxide-based efficient and scalable solar desalination under one sun with a confined 2D water path[J]. Proceedings of the National Academy of Sciences, 2016, 113(49): 13953-13958.

[61] Shi L, Wang Y, Zhang L, et al. Rational design of a bi-layered reduced graphene oxide film on polystyrene foam for solar-driven interfacial water evaporation[J]. Journal of Materials Chemistry A, 2017, 5(31): 16212-16219.

[62] Wang G, Fu Y, Ma X, et al. Reusable reduced graphene oxide based double-layer system modified by polyethylenimine for solar steam generation[J]. Carbon, 2017(114): 117-124.

[63] Li T, Liu H, Zhao X P, et al. Scalable and highly efficient mesoporous wood-based solar steam generation device: Localized heat, rapid water transport[J]. Advanced Functional Materials, 2018, 28(16): 1707134.

［64］ Liu K，Jiang Q，Tadepalli S，et al. Wood-graphene oxide composite for highly efficient solar steam generation and desalination［J］. ACS Applied Materials & Interfaces，2017，9：7675-7681.

［65］ Xue G，Liu K，Chen Q，et al. Robust and low-cost flame-treated wood for high-performance solar steam generation ［J］. ACS Applied Materials & Interfaces，2017，9(17)：15052-135057.

［66］ Yang G，Chen Z，Xie Y，et al. Chinese ink：a powerful photothermal material for solar steam generation［J］，Advanced Materials Interfaces，2018，1801252.

［67］ Jiang Q，Tian L，Liu K，et al. Bilayered biofoam for highly efficient solar steam generation［J］. Advanced Materials，2016，28(42)：9400-9407.

［68］ Zhong J，Huang C，Wu D，et al. Influence factors of the evaporation rate of a solar steam generation system：A numerical study［J］. International Journal of Heat and Mass Tran，2018(128)：860-864.

［69］ Frey M，Widner D，Segmehl J，et al. Delignified and densified cellulose bulk materials with excellent tensile properties for sustainable engineering［J］. ACS Applied Materials & Interfaces，2018，10(5)：5030-5037.

［70］ Zhu M，Song J，Li T，et al. Highly anisotropic，highly transparent wood composites［J］. Advanced Materials，2016，28(26)：5181-5187.

［71］ Fink S. Transparent wood—a new approach in the functional study of wood structure［J］. Holzforschung，1992，46：403-408.

［72］ Li Y，Fu Q，Yu S，et al. Optically transparent wood from a nanoporous cellulosic template：combining functional and structural performance［J］. Biomacromolecules，2016，17：1358-1364.

［73］ Li H，Guo X，He Y，et al. A green steam-modified delignification method to prepare low-lignin delignified wood for thick，large highly transparent wood composites ［J］. Journal of Materials Research，2019，34(6)：932-940.

［74］ Jana S，Vanessa S，Tobias K，et al. Characterization of wood derived hierarchical cellulose scaffolds for multifunctional applications［J］. Materials，2018，11(4)：517.

［75］ Huggins T，Haeger A，Biffinger J，et al. Granular biochar compared with activated carbon for wastewater treatment and resource recovery［J］. Water Research，2016，94(1)：225-232.

［76］ 张晓力，赵聪聪，许文杰，等. 太阳能在绿色建筑中的利用［J］. 科技资讯，2019，17(10)：37-38.

［77］ 王啸宇，崔杨，陈玫君，等. 中国水污染现状及防治措施［J］. 甘肃科技，2013，29：34-35.

［78］ Zhu H，Luo W，Ciesielski P，et al. Wood-derived materials for green electronics，biological devices，and energy applications［J］. Chemical Reviews，2016，116(16)：9305-9374.

［79］ Holbrook N，Burns M，Field C. Negative xylem pressures in plants：a test of the balancing pressure technique ［J］. Science，1995，270(5239)：1193-1194.

［80］ He Y，Li H，Guo X，et al. Delignified wood-based highly efficient solar steam generation device via promoting both water transportation and evaporation［J］. BioResources，2019(14)：3758.

［81］ He Y，Li H，Guo X，et al. Bleached wood supports for floatable，recyclable，and efficient three dimensional photocatalyst［J］. Catalysts，2019，9(2)：115.

第 7 章　纳米材料与耐候木

7.1　背景知识

　　作为一种可再生、天然高分子复合材料，竹木材及制品是日常生活和经济建设中用途最广泛的四大材料(钢材、水泥、木材和塑料)中唯一的生物类材料，具有高强重比、易黏结、刚柔适中、可再生利用等优点。木材的细胞壁主要是由纤维素、半纤维素和木质素三种成分组成，这三种成分都包含羟基官能团，因此木材具有天然亲水性。然而，当木材暴露于室外时，在水、阳光和微生物等因素的协同作用下，逐渐发生自然老化，老化一般均从表面开始，逐渐向内部发展。因此，木材表面如果用纳米材料进行处理，可以大幅度改善其性能，包括美观性、硬度、强度、抗裂性、耐候性、抗菌性、防霉、防蛀等，使低档木材达到高档木材的性能。自然界中，如柚木由于无机矿物质以纳米粒子的形式渗入木材基体中，形成天然的木材—无机纳米复合材料，因而具有美丽的材色与纹理、坚硬的材质和良好的耐久性。纳米材料的种类不同，所具有的性能也各不相同。如纳米二氧化硅可提高木材的尺寸稳定性，金属纳米颗粒可提高木材的压缩强度、硬度、导热系数、耐磨性、冲击韧性，而纳米二氧化钛或者氧化锌可以提高木材的耐候性。本章重点探讨纳米二氧化钛对木材耐候性增强研究。

7.1.1　二氧化硅纳米材料对木材的改性

　　木材—纳米 SiO_2 复合材料的制备多采用溶胶—凝胶法。李坚等将生物矿化概念导入到木材科学与技术的研究领域中，通过立木形成层细胞分生的有机分子和无机离子在界面处的相互作用来设置矿化位，调节微环境，建立饱和溶液，提供有机质，搬运离子，加入添加剂等来控制生物矿化作用的方向和过程，实现用活立木制备木材纳米结构复合材；同时，探索气凝胶与木材结合，引入超临界流体干燥的单元操作，改进木材—纳米硅酸盐复合工艺过程，制备得到纳米级的木材—SiO_2 气凝胶复合材料，气凝胶与木材的结合可以达到优势互补，形成性能优异的纳米无机质复合木材。Saka. S 等人用凝胶法和溶胶—凝胶法分别制备成功 SiO_2 或 TiO_2 与形成的木材无机复合材料，具有较好的力学强度、尺寸稳定性、阻燃性等。将纳米 SiO_2 粉体形成其粒子均匀分散的胶体溶液，用浸渍法与杉木木材进行类似自然界中柚木木材等形成时的生物拟态矿化过程的化学改性处理。由于纳米粒子很强的表面活性及体积效应等，使所获杉木—纳米 SiO_2 复合材料的力学性能等相对未处理的杉木质素材有很大提高，并可能产生其他奇特的性能。以正硅酸乙酯为前驱体，通过优化二氧化硅溶胶的制备条件，利用满细胞真空—高压浸渍的方式处理速生杉木，制备的杉木/二氧化硅复合材，增重率达到12.6%，抗膨胀能 ASE、抗吸湿能 MEE 分别为32.6%和14.8%，尺寸稳定性较杉木质素材有明显提高。

7.1.2 金属化木材

木材是应用范围最广泛、历史最悠久的一种天然复合材料，它是由 50%~55% 的纤维素、15%~25% 的半纤维素和 20%~30% 的木质素为主成分构成的天然复合材料。根据其结构特点，也可以将木材看成是取向纤维在无定形基材中的集合体，利用木材特有的化学和组织结构对木材进行改性，达到提高其性能和赋予新功能的目的。木材特有的蜂窝状结构给木材的高性能化和功能化、提高其附加值、开拓新材料和介孔材料提供了极大的空间。利用木材的多孔性，可以将熔融的金属或合金注入木材得到木材—金属复合材料（又称金属化木材）其制备方法是：在一压力容器中，下部放置用于浸注的合金固体（合金的组成为 50%Bi，31.2%Pb，18.8%Sn，合金熔点 97℃），在合金上放置炉干木材试件（试件尺寸 5cm×5cm×0.3cm）。试件顶部压一不熔的金属重物以防试件上浮，然后将容器密封抽真空，加热至合金熔化，木材试件浸泡在合金熔体中，解除真空、加压，压力为 4~18MPa，处理时间 20~60min，然后解除压力。开始冷却，在熔融的合金固化前，取出试件，刮去试件表面上的合金，即得到金属化木材。如果对金属浸渍后的木材进行压缩，则可得到金属化压缩木。通过上述方法得到的复合材料相对密度较原来木材提高 1.8~6.4 倍，压缩强度、硬度、导热系数、耐磨性、冲击韧性均大幅度提高，耐久性、尺寸稳定性也明显改善。由于其独特的导热性和耐磨性，可用作特种场合下的轴承材料和抗静电、导电及电磁屏蔽材料等。

金属化木材的另一种方法是将木绒或木材颗粒电镀得到表面涂覆有金属镍的具有电磁屏蔽功能的木材—金属粒子或绒状复合体，并用于粒子板功能材料的制木材颗粒或木绒也具有多孔结构，表面具有羟基、酚羟基等活性基团，容易进行电沉积，用上述方法得到的复合粒子制备的木材微粒板具有良好的导电性，其密度只有塑料复合材料的一半，如果采用表面电阻率小的金属化木材颗粒制造粒子板，则粒子板具有较低的体积电阻率和更好的电磁屏蔽作用；电磁屏蔽性能随成型压力增大而提高，增加金属化粒子的添加量可大幅度提高板材的屏蔽性能。在 30~300MHz 范围屏蔽效率可达 30dB。

7.2 纳米二氧化钛与耐候木

当木材在室外使用时，在水、阳光和微生物等因素的协同作用下，逐渐发生自然老化，老化一般从表面开始，逐渐向内部发展。其中水和阳光中的紫外线是两个重要影响因素[1]。一方面，随着环境中水含量的变化木材可吸收或释放大量的水，从而造成木材干缩湿胀，产生内应力，发生翘曲、变形和开裂；另一方面，由于木材表面（深度约为 0.05~2.5mm）中的木质素、纤维素强烈吸收阳光中的紫外线，经过自由基诱导降解反应而被分解。此外，上述降解产物在雨水和露水的冲刷下非常容易从木材中流失，这进一步加剧了木材的变形、开裂和变色，最终导致了木材失去原有的利用价值[2]。例如，当未经保护的木材暴露室外一个月时，其中 60% 的木质素将被降解掉[3]。因此为了保护木材免受室外气候的影响，扩大木材在户外的使用范围，延长其使用寿命，对木材及制品的表面进行超疏水和防紫外线处理至关重要。

随着纳米材料与纳米科技的发展，将具有优异防紫外性能的二氧化钛（TiO_2）等无机纳米材料构筑在木竹材表面，使其表面粗糙化，再辅以低表面能物质，可赋予木材一定的防紫外性能和超疏水性，进而提高其耐候性[4-11]。二氧化钛是白色固体或粉末状两性氧化物，又称为钛白，性质稳定，无毒无臭。自然界中存在的 TiO_2 有 3 种变体：金红石和锐钛矿为四方晶体，板钛矿为正交晶体。TiO_2 不仅具有良好的黏附力和遮盖能力，而且具有良好的耐光性、耐热性、耐碱性、耐候性和憎水性等，在涂料、造纸、印刷油墨等工业中广泛应用。

关于 TiO_2 在木材工业领域内的研究，日本走在世界的前列。Miyafuji 等以日本扁柏为材料，采用溶胶—凝胶法制备无机质复合木材，发现用 3-异氰酸丙酯基三乙氧硅烷对木材进行化学改性后，再用四异丙基钛酸酯处理，TiO_2 凝胶在细胞壁内表面与木材物质形成化学键合，制备出的复合材料具有阻燃性能和较好的尺寸稳定性。王西成等采用溶胶—凝胶法，制备了 TiO_2—木材无机纳米复合材料。由于纳米材料的小尺寸效应，TiO_2 渗入木材细胞壁中成核、聚集，同时与纤维素等大分子发生作用，成为细胞壁的组成部分，保持了细胞腔的毛细管系统，最大限度地保持了木材的环境学特征。龙玲等将纳米 TiO_2 浆料作为抗菌剂，制备饰面人造板。结果表明：在 MU 树脂中添加 TiO_2 浆料调制的胶黏剂，其相容性好且不影响胶合性能，在常温下放置 3h 无分层现象。加入纳米 TiO_2 的三聚氰胺浸渍纸和浸渍单板，具有明显的抗菌性。当 MU 胶中 TiO_2 加入量为 1% 时，制备的浸渍材料对革兰氏阳性的金黄色葡萄球菌和革兰氏阴性细菌大肠杆菌，均有良好的抑制作用。王卫东等选取一种经过纳米无机银类抗菌材料和纳米 TiO_2 光催化剂处理的实木复合地板，对其抗菌性能和耐磨性能进行了检测和分析。结果表明，产品能够抑制室内常见的金黄色葡萄球菌以及大肠杆菌的繁殖，同时对"黑曲霉"有防菌和灭菌的效果，且其表面耐磨性优于未处理的普通实木地板和实木复合地板。江泽慧[7]等人通过溶胶—凝胶法在竹材表面负载形成 TiO_2 膜。竹材表面负载了直径在 40~90nm 的 TiO_2 颗粒而形成薄膜，并且表现出良好的抗光变色性能(在经过 120h 加速老化后，其总色差约为空白试样的 1/2 左右)。这是因为 TiO_2 纳米颗粒可以吸收、反射、散射紫外线，从而降低了木材的光催化降解[8]。刘一星课题组通过水热法在木材表面负载形成金红石相二氧化钛亚微米颗粒。加速老化实验结果表明，金红石二氧化钛处理木材的光稳定性优于锐钛矿相二氧化钛[10]。以三氯化钛为钛源，笔者也发展出一条室温、湿化学技术路线，将表面修饰纳米颗粒的金红石相二氧化钛微米颗粒构筑在木材表面。经低表面能物质修饰后，呈现出强疏水性[11]。加速老化箱内紫外淋水条件下老化 960h，可以显著提高二氧化钛处理木材的颜色稳定性和质量稳性。

7.2.1　二氧化钛多级结构耐候木

以 $TiCl_3$ 为钛源、氯化钠水溶液为溶剂，通过低温水热技术路线(60℃)将花状二氧化钛多级结构构筑在木材表面(图 7-1)。如果反应温度由 60℃提高到 100℃，木材表面变黑，同时溶液变为红褐色，意味着此条件下的木材发生了碳化。因此，此技术路线的最适合反应温度为 60℃。

为了实验更易操作，尝试将反应温度降低为室温。首先，考察了二氧化钛在溶液中所形成的形貌及晶体结构。由图 7-2 可知，室温下，三氯化钛在氯化钠饱和溶液中的水解反应，直接生成了金红石相、类花菜状二氧化钛微纳多级结构。

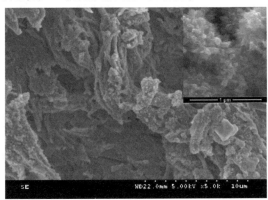

图 7-1　构筑二氧化钛花状结构后的木材表面的 SEM(右上角插图为高倍 SEM)

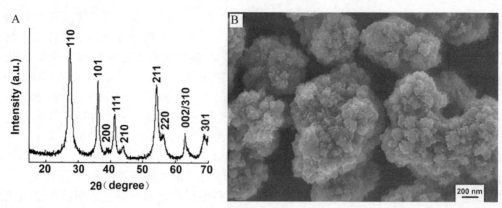

图 7-2　三氯化钛室温下氯化钠饱和水溶液中反应 3d 所形成二氧化钛的 XRD（A）和 SEM（B）

在此基础上，将木材样品放入类似前驱体溶液中，通过考察反应时间、溶液 pH 对二氧化钛多级结构的影响。具体反应条件及相应测试见表 7-1。

表 7-1　反应条件及相应测试

反应条件	T1	T2	T3	T4	T5
pH	−0.02				1.27
反应时间/d	10	1	3	15	3
表征测试	SEM，XRD，水接触角，吸水率	SEM	SEM	SEM	SEM

如图 7-3 所示，溶液 pH 由氢氧化钠溶液调整为−0.02，室温反应 10d 后，构筑在木材表面的二氧化钛为金红石相。形貌为表面修饰由二氧化钛纳米颗粒的微米颗粒，在微米颗粒之

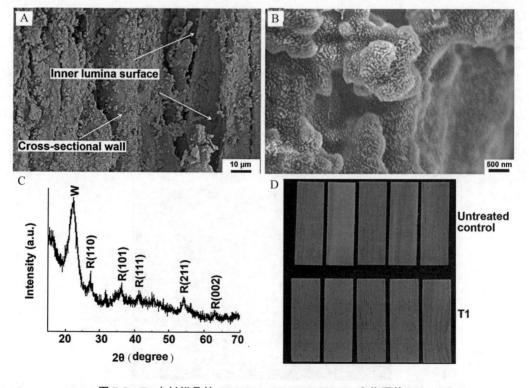

图 7-3　T1 木材样品的 SEM（A、B）、XRD（C）、实物照片（D）

间的空隙以及木材管束内壁上均生成了二氧化钛纳米颗粒，从而组成了类荷叶表面微凸结构的多级结构，使得木材表面进一步粗糙化。

7.2.2　处理木材的疏水性研究及优化

表面超疏水的两个必备条件：表面粗糙化和低表面能物质。木材表面经上述方法粗糙化后，选择了 3 种低表面能物质：硬脂酸、三乙氧基全氟癸基硅烷(PFDTS)、十六烷基三甲氧基硅烷/甲基三甲氧基硅烷(HDTMOS/MTMOS)。

图 7-4　水滴照片：用硬脂酸处理(左)和花状二氧化钛结合硬脂酸处理(右)

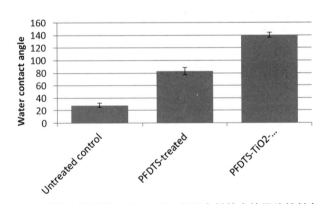

图 7-5　未处理木材，PFTDS 处理木材以及 PFDTS-T1 处理木材的水的平均接触角(标准偏差样品数为 6)

由图 7-4、图 7-5 以及表 7-2 可知，经 3 种低表面能物质处理后，二氧化钛包覆后的木材样品的水接触角均可达到 140°左右，呈现出强疏水。基于环保、价格及对下一步耐候性的影响，筛选出 HDTMOS/MTMOS 混合硅烷低表面能物质体系。

表 7-2　TiO$_2$/MTMOS/HDTMOS 处理木材样品的水接触角

样品编号	描述	水接触角/°
原木	未处理空白木材	28.2±3.7
硅烷/木	硅烷处理	116.7±14.6
二氧化钛/硅烷/木	二氧化钛/硅烷处理	140.04±2.02

由图 7-6 可知，浸泡在液态水中后，与未处理木材相比，PFDTS-T1 处理木材不仅降低了对液态水的吸收质量还延迟了饱和平衡时间。

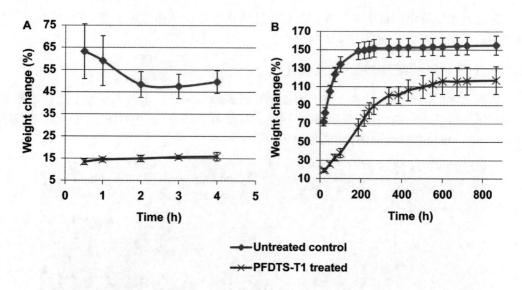

图7-6 未处理木材以及 **PFDTS-T1** 处理木材浸泡在液态水中不同时间的质量变化（标准偏差所用样品数为 **6**）

7.2.3 处理木材的耐候性研究

BW（空白木材）、HMW（MTMOS/HDTMOS 处理木材）以及 HMTW（TiO₂/MTMOS/HDT-MOS 处理木材）三种类型木材，放在加速老化气候箱内，紫外线加速老化155h，或者紫外线—淋雨条件下老化960h，通过测量老化前后木材颜色变化、质量变化，评价二氧化钛/MT-MOS/HDTMOS 保护层对木材耐候性影响。如图 7-7 和图 7-8 所示，与空白木材相比，金红石二氧化钛多级结构/MTMOS/HDTMOS 处理的木材能显著提高木材的颜色稳定性和质量稳定性。

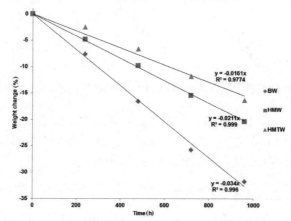

图7-7 各种处理材经紫外线—淋雨老化前后的质量变化

原木（BW）、二氧化钛/耐候木（HMTW）在紫外线—淋雨协同加速老化960h（与1年室外老化相当）前后的照片如图7-9所示。不仅在沉积纳米 TiO₂ 前后，木材外观变化不大；且经960h 加速老化后，质量减少明显抑制，仅为原木的1/2；总色差明显减小，且也显著抑制开裂。

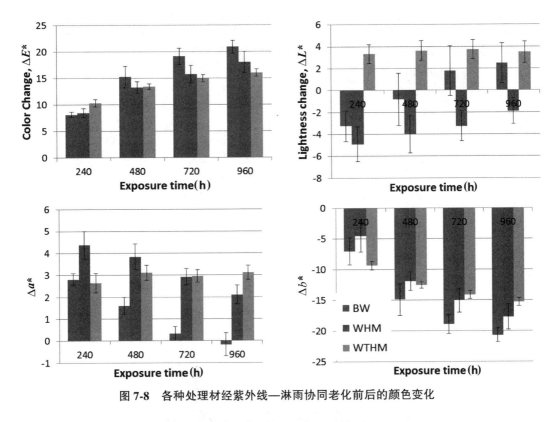

图 7-8　各种处理材经紫外线—淋雨协同老化前后的颜色变化

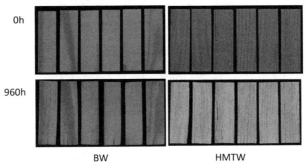

图 7-9　原木（BW）、二氧化钛/耐候木（HMTW）紫外线—淋雨协同加速老化 960h 前后的实物照片

7.2.4　处理木材老化机理研究

从老化前后木材表面的疏水性、木材表面的二氧化钛形貌、木材表面官能团的变化，进行老化机理研究，有助于进一步提高木材耐候性。如图 7-10～图 7-12 所示，老化后，钛含量明显减少，说明在紫外线以及淋雨的协同作用下，木材表面的二氧化钛部分剥落。由表 7-3 可知，水接触角也由 140° 减小到约为 0°。原因可能如下：二氧化钛本身具有的光催化活性在紫外线作用下削弱了二氧化钛多级结构与木材表面的结合度，在淋雨的协同作用下，从木材表面脱落。

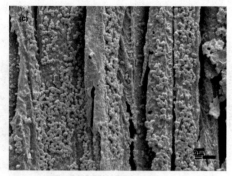

图 7-10　960h 老化前(左)和后(右)HMTW 样品的 SEM

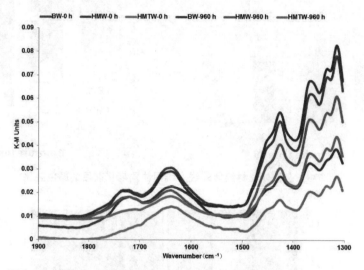

图 7-11　紫外线—淋雨协同加速老化 960h 前后各处理木材的 FTIR

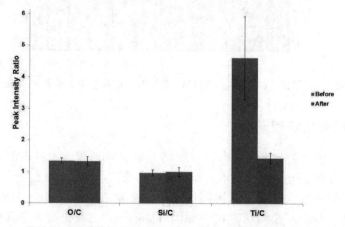

图 7-12　紫外线—淋雨协同加速老化 960h 前后 HMTW 各元素的 EDX 比值

表 7-3　各木材样品的处理条件及老化前后的水接触角

样品编号	处理条件描述	老化前的水接触角/°	155h 紫外老化后/°	960h 紫外淋雨老化后/°
原木	未处理空白木材	28.2±3.7	24.5±2.0	≈0
硅烷/木	硅烷	116.7±14.6	102.8±7.0	43.3±8.6
硅烷/氧化钛/木	二氧化钛/硅烷	140.04±2.02	15.9±8.5	≈0

7.3　结论与展望

7.3.1　结　论

为了延长木材的室外使用寿命，本章以三氯化钛为钛源，设计了两条技术路线：60℃低温水热法、室温湿化学法，将具有屏蔽紫外性能的金红石相二氧化钛微纳多级结构沉积在木材表面，使得木材表面粗糙化，在硅氧烷低表面能物质的辅助下，构建出类荷叶木材疏水表面，即耐候木。

类荷叶木材的水接触角高达(140±4.2)°，水中浸泡 24h，质量仅增 19.3%，远优于原木的 81.3%；紫外加速老化 155h 后，总色差 ΔE^* 仅为 7.90，远优于原木的 26.89，显著增强了木材的耐候性。

960h 淋雨紫外协同老化下，原木(BW)质量减少了约 32%，而耐候木(HMTW)质量减少了约 16%，仅为原木的 50%，BW 总色差 ΔE^* 为 21，而 HMTW 减少为 16，也有明显抑制。

紫外线—淋雨协同老化下，水接触角由 140°降低到 0°，即由强疏水水降为强亲水，可归因为二氧化钛的强光催化能力，UV 照射下光催化降解低表面能物质，且导致部分二氧化钛脱落所致。

7.3.2　展　望

为进一步提高木材的耐候性，应在二氧化钛和木材表面之间增加惰性隔离层，减少二氧化钛对木材的光催化；对二氧化钛表面进行惰性物质包覆，在不影响防紫外线性能的基础上抑制二氧化钛的光催化活性；将纳米二氧化钛沉积在木材深层表面，并通过胶黏剂增强附着力，减少老化过程中纳米二氧化钛的脱落。

参考文献

[1] Xie Y, Krause A, Militz H, et al. Weathering of uncoated and coated wood treated with methylated 1, 3-dimethylol-4, 5-dihydroxyethyleneurea (mDMDHEU) [J]. European Journal of Wood and Wood Products, 2008, 66(6): 455-464.

[2] 秦莉, 于文吉. 木材光老化的研究进展[J]. 木材工业, 2009, 23(4): 33-36.

[3] Evans P, Thay P, Schmalzl K. Degradation of wood surfaces during natural weathering. Effects on lignin and cellulose and on the adhesion of acrylic latex primers [J]. Wood Science and Technology, 1996, 30(6): 411-422.

[4] Ogiso K, Saka S. Wood-inorganic composites prepared by sol-gel process IV. Effects of chemical bonds between wood and inorganic substances on property enhancement [J]. Journal of the Japan Wood Research Society, 1994,

40: 1100-1106.

[5] Makoto O, Hideto T. Improvement of coated wood surface by addition of TiO$_2$ micro particulate and PEGMA to clear paint[J]. Toso Kogaku, 2002, 37: 340-349.

[6] Yang H. Fundamentals, preparation, and characterization of superhydrophobic wood fiber products[D]. MS thesis, Georgia Inst Tech, Atlanta, GA, 2008.

[7] 江泽慧, 孙丰波, 余雁, 等. 竹材的纳米二氧化钛改性及防光变色性能[J]. 林业科学, 2010(46): 116-121.

[8] Ukaji E, Furusawa T, Sato M, et al. The effect of surface modification with silane coupling agent on suppressing the photo-catalytic activity of the fine TiO$_2$ particles as inorganic UV filter[J]. Applied surface science, 2007, 254(2): 563-569.

[9] Wang C, Piao C, Lucas C. Synthesis and characterization of suprhydrophobic wood surfaces[J]. Journal of Applied Polymer Science, 2011, 119(3): 1667-1672.

[10] Sun Q, Lu Y, Zhang H, et al. Hydrothermal fabrication of rutile TiO$_2$ submicrospheres on wood surface: An efficient method to prepare UV-protective wood[J]. Materials Chemistry & Physics, 2012, 133(1): 253-258.

[11] Zheng R, Tshabalala M, Li Q, et al. Construction of hydrophobic wood surfaces by room temperature deposition of rutile (TiO$_2$) nanostructures[J]. Applied surface Science, 2015, 328(5): 453-458.

[12] Zheng R, Tshabalala M, Li Q, et al. Photocatalytic degradation of wood coated with a combination of rutile TiO$_2$ nanostructures and low-surface free-energy materials[J]. BioResources, 2016, 11(1): 2393-2402.

[13] Zheng R, Tshabalala M, et al. Weathering performance of wood coated with a combination of alkoxysilanes and rutile TiO$_2$ hierarchical nanostructures[J]. BioResources, 2015, 10: 7053-7064.

第8章 透明木材

8.1 研究背景

木材广泛存在于自然界中，一般按照其特性分为软木和硬木。软木由于其快速生长的原因，通常具有更多孔隙结构；硬木与软木相比，通常具有更高的密度，自然生长所形成的独特结构使得木材具有极好的机械性能。木材不仅具有质轻、机械强度高、隔热效果好的特点，并且在突发外力冲击下不会如玻璃一样破碎[1]，使得木材作为传统的建筑材料被使用了几千年之久。然而，由于木材自身所具有的在可见光范围内散射光的多孔结构以及能够吸收可见光的木质素等成分的存在，使得木材不透光并呈现出特定颜色，这也使得木结构建筑需要额外室内光源来照明。为了利用太阳光这一用之不竭的绿色、清洁的能源，常采取的措施是在建筑物墙面或屋顶引入玻璃来获取太阳光线照明室内。众所周知，玻璃的隔热性能较差、反光，并且在外力突发冲击下易碎，具有很大的安全隐患，同时太阳光照射在玻璃上也会使人产生眩光。据美国能源部报道，约25%～30%的建筑取暖、制冷能耗通过窗户散失。

最近，一种可作为透明、隔热、节能建筑材料的新型木材基功能材料——透明木材，因具有各向异性、高透明度、高雾度、较好的隔热性以及高冲击吸收能力的特点而受到中外科研工作者的广泛关注[2-3]。此外，透明木材还可与纳米材料复合形成荧光、磁性、导电等功能型透明木材[4-6]，作为太阳能电池的宽带光控层可使得太阳能转化率提升18%的特点[7]。木材不透光的原因有：①纤维素折射率指数(约1.53)与木材多孔结构内所填充的空气折射率(约1.00)具有较大的差异，导致对可见光的散射[6]；②占比20%～30%(质量)的木质素在光学上呈现出褐色或者黑色，对可见光具有强烈的吸收[1,8]。相应的，透明木材制备策略也是基于去除木材中的木质素来抑制光吸收及填充与纤维素折射率相近的聚合物抑制光散射。因此，在保留木材纤维素骨架的同时降低木质素残留量，从而减少对可见光的吸收；在纤维素骨架内填充折射率匹配的聚合物，从而抑制光散射，是研制木材透明的两个关键步骤。所以，在保留木材纤维骨架的同时降低木质素含量，减少对可见光的吸收；增加木材中的微观孔隙通道并且回填更多与纤维素折射率相近的聚合物，是非常有必要的。

天然木材通过脱木质素保留纤维素骨架并且匹配折射率相近聚合物，是制备更大、更厚透明木材的关键点。目前，天然木材去除木质素的方法都来自制浆工艺中的溶液漂白法[9-10]。但是溶液漂白法具有较为明显的缺点：①木材的种类：过轻或者密度极低的木材会在溶液中产生漂浮现象，溶液很难与木材完全接触，这造成了木材底部会长时间与脱木质素溶液接触反应，这也会使得木材在脱木质素过程中底部被率先破碎而上部未能完全除木质素。②木材的厚度与尺寸：较厚、较大的木材在室温下，溶液法无法进行完全的漂白，甚至长时间的浸泡会导致木材外层纤维素被破坏而中心部位依然高残留木质素的现象。对于热溶液法，低温下脱木质素会使得其过程中消耗大量的时间，甚至破坏原有的结构，同时也会使得木材中心部位的木质素无法被脱除。而高温脱木质素的溶液法，容易造成大尺寸的木材过早的因热膨胀效应而破碎从而失去原有的纤维素骨架等。③环境污染：大多数溶液除木质素法大都含氯、含硫，对环境非常的不友好，并且残留在纤维素内部化学药剂很难得到有效的清洗，影响透明木材的制备及其性能。上述缺点导致了溶液漂白法不适用大尺寸、厘米级厚度的透明木材，制约了其在透光节能建筑上的应用。

为解决上述问题，本章拟通过双氧水汽蒸法脱木质素，制备出尺寸更大、更厚的透明木材。其优势主要有以下几点：①可以制备出尺寸更大、更厚，木质素残留量更低的透明木材。这主要得益于通过网格将木材与沸腾漂白液隔离，防止了纤维素骨架被沸腾漂白液破坏，并且蒸汽分子可以更容易穿过木材的微孔或者超微孔结构来脱除木材内部的木质素。实验结果表明，一方面，蒸汽法在将木质素残留量降低到 0.84% 时纤维素骨架仍保持完整，这优于热液漂白法（不低于 1.5%）；另一方面，蒸汽分子脱除木质素后也会在细胞壁上留下更小的孔隙结构，这对填充聚合物具有重要的作用。理论上，木质素含量越低，所产生的孔隙越多，回填聚合物时越便利，所制备的透明木材就会有更高的光学和机械性能。②可以解决环境污染问题、减少能耗和用时。蒸汽法所用的为 H_2O_2 或者 H_2O_2/HAc 蒸汽，具有对环境友好、高效脱木质素的特点，可以做出大尺寸的透明木材，并且所制备出的半透明木材也同时具有较好的光学和力学性能。③低木质素残留量的透明木材可以具有更好的抗老化性能。④可以制备出具有捕获环境光能力的超厚半透明木材，以此作为建筑材料，弥补透明木材因尺寸受限制而无法实际应用的不足。

8.1.1　国内外研究现状

建筑物在使用过程中所消耗的能源（包括照明、取暖、制冷等）大约占建筑领域总能耗的 30%~40%。由于世界经济的持续、快速发展，建筑领域的能源需求在逐年增加，因此，降低建筑领域的能源需求变得尤为重要。太阳能是用之不竭的清洁能源，因此低导热、透光建筑材料变得具有意义，通过使用自然光去代替人工照明，从而减少日常生活中的能源消耗[11-15]；通过抑制室内外热交换来降低取暖制冷等空调能耗。

以土壤中的水、矿物质等为原料，通过吸收空气中的二氧化碳，经光合作用，木材可在室温自然条件下大量生长[8,16-17]。木材自古以来被广泛用于建筑，为人们提供住房和能源，即便是在现代也是被广泛用于建筑行业、家具行业，少量的用于能源行业。由于木材自然生长而形成的独特分级多孔结构，使得木材作为结构材料具有极其优良的机械性能。天然木材所具有的优良性质有：高强度、韧性、低密度、低导热系数、生产成本低、耗能小、无毒害、无污染、可再生等特点[1]。

综上所述，木质素的去除以及在木材多孔结构内填充与纤维素骨架折射率匹配的聚合物，是获得透明木材的两大关键步骤，其中木质素的去除至关重要。在这一领域，国内外科研工作者做了大量工作，并取得了一系列重大突破。

8.1.1.1　国外研究

去除木质素并填充与纤维素折射率匹配的聚合物，制备透明木材，早在 1992 年就已被报道[2,6]。德国的 Fink 以常用的消毒剂——NaClO 为漂白剂去除天然木材内部的木质素[6]。但当时其目的主要是为了做成透明木材切片，用在电子显微镜成像领域，以获得木材的内部形貌。木质素在木材结构中类似"胶黏剂"，具有增强木材机械强度的作用。木质素去除后，木材机械强度大大降低。与此同时，为了消除木材多孔结构中的空气与纤维素骨架折射率不一致的问题，Fink 又将折射率相当的高聚物填充进纤维素骨架内。一方面，用来取代木质素的胶黏作用；另一方面，消除了折射率不匹配的问题，得到了透明木材，从而更好的观察木材的内部结构。

　　将木材中的木质素去除，是造纸行业中制备纸浆的关键步骤。目前，已经发展出多种非常成熟的制浆（即去除木质素）工艺。归纳起来，常用作漂白剂的化学物质包括：氢氧化钠、次氯酸钠、亚氯酸钠、亚硫酸钠以及双氧水等[18-21]。近年来，上述作为漂白剂的化学物质也被众多科研工作者借鉴，用来从原木中直接去除木质素，这也是期望在去除木质素的同时，还能完美保留木材原有的纤维素骨架。他们的研究结果已经充分证明，造纸行业中的去除木质素技术路线，完全可以应用到原木去除木质素的过程中。瑞典的 Las Berlund 课题组通过 $NaClO_2$ 热溶液除去木材中的木质素，然后通过预聚合 PMMA 溶液，将预聚合的 PMMA 溶液浸入到纤维素骨架中并固化，来制备透明木材[4]。他们的研究结果表明，木质素含量可以从原始木材的 25% 降低到 2.5%，其纤维素骨架还能基本保留。由于所制备的透明木材不仅可透过可见光，还具有远低于玻璃的导热性能，文中作者预测，所制备的透明木材有望代替建筑物中的玻璃用来降低建筑使用过程中的能源消耗（室内照明、取暖、制冷等）[22-23]。美国马里兰大学的胡良兵课题组，通过沸腾 $NaOH+Na_2SO_3$ 溶液、沸腾 H_2O_2 溶液依次漂白木材，灌注环氧树脂后，成功的制备了具有高各向异性、高雾度、高透光的透明木材[1]，后续其课题组又通过相同的方法，将制备出的透明木材并应用于透明屋顶，以节约室内照明能耗和太阳能光控膜来提高转化效率[3]。瑞典皇家理工学院的 Lars Berglund 课题组通过仅将木质素的发色基团除掉而将 80% 的木质素保留，并成功地将多种木材制备成透明木材，但是制备出的透明木材在后续的使用过程中，又会回到原来不透明的状态，此成果在其后续研究中又被否定[24]。另外，她还将 Si 量子点加到了透明木材中，做出了荧光的透明木材[25]，并且在后续的研究中又提出了乙酰化改性的透明木材，通过 $NaClO_2$+乙酰化+NaClO 进行组合漂白来制备透明木材，展示出了极高的透光率，并制备出了厘米级（1cm）的透明木材（60% 的透光率），这归因于乙酰化疏水改性后的纤维素与天然疏水的 PMMA 相溶性高，通过显著抑制界面间隙来提高性能[26]。在上述这些研究中都存在共同的问题和缺陷：高能耗，过长的制备时间以及厚度不超过 1cm、尺寸小，难以进行实际应用等问题，这是急需解决的。

8.1.1.2　国内研究

　　与此同时，国内的科研工作者也在透明木材领域展开了相关的研究。国内的研究大致上是对透明木材进行功能化和条件优化上。东北林业大学李坚院士课题组将木材漂白后，在 MMA 浸渍液中加入 Fe_3O_4 磁性纳米颗粒，使得透明木材具有磁性[19]，Yanfeng Gao 等人[20]将制作出包含 Cs_xWO_3 透明木材，并且将 42 片透明木材（每片长宽平均为 4.2cm）拼接在一起制作出了一块透明窗户，并且测试了在光源的照射下，模型房屋中的温度的数值。实验表明，透明木材具有隔离部分热量的效果，与玻璃窗户相比较，温度值能降低接近 15℃ 左右，而不添加任何纳米材料的透明木材可以降低接近 5℃ 左右。浙江农林大学唐彩云采用正交试验法优选出透明木质基复合材料制备过程中的脱木质素的最佳工艺。研究结果表明：当氢氧化钠（NaOH）与亚硫酸钠（Na_2SO_3）混合溶液处理时间为 6h，处理温度为 100℃，过氧化氢（H_2O_2）百分含量为 6%，此时透明木质基复合材料的透光率为 65%，拉伸强度为 91MPa，为最佳条件[27-28]。东北林业大学秦建鲲通过将多层透明木材在真空下进行压缩得到了层状透明木材，并且证明了在保持良好透过率的情况下，这种方法将会极大降低透明木材的各向异性，而且在研究中同时利用了多种类型的树种，降低因树木价格而使得生产成本较高的问题[29]。上海大学余子涯研究了透明木材的制备并对其光学性能进行了调控，同时对纳米纤维素进行了提取，制备出了纳米纤维素透明复合膜，并对其力学性能进行了调控，最后又制备出纤维素—银纳米线复合材料并调控了其光电性能等[30]。同国外研究相比，虽然各种功能性透明木材已被成功研制并报道，但除木质素这一核心技术都采用漂白溶液法，受制于人，且在尺寸上受到很大程度的限制。而长时间的光照下，是否因老化而使其性能下降，尚未有详细的研究。

8.1.1.3 研究趋势及问题

国内外研究目前大都集中在将功能材料如磁性材料、荧光材料、吸热材料等，引入透明木材，从而将透明木材功能化[25,31-32]。经文献查阅，发现经过上述技术路线得到的透明木材，其尺寸和厚度都处于实验室级别，严重制约了透明木材的工业化生产与应用，存在问题如下：

（1）现有脱木质素后的纤维骨架中木质素含量高于 1.5wt%，从理论上讲，木材中去除木质素越多，可见光的吸光度越低，纤维骨架的孔隙率越高，用聚合物回填越便利并且可以消除细胞壁之间的界面剥离现象产生的间隙，这将增强透明木材的高光学和机械性能。

（2）除了 H_2O_2 和 HAc 之外，所用的漂白化学品大多对环境有较大危害。原因是：在制浆工业过程中会产生诸如甲硫醇、二甲基硫醚和硫化氢等气体[33-34]，并且有毒废水的形成，在脱木质素过程中的还会产生氯气、二恶英等[34-35]。

（3）尺寸、厚度不适合规模化和产业化。当前文献中，样品的尺寸（长×宽）基本都是在 10cm×10cm、5cm×5cm，甚至低于 2cm×2cm，其中厚度最大的，只是提到了可以做出 1.4cm 厚度的透明木材，但无任何数据，其余的厚度基本都在 1cm（大多数厚度为 0.7mm、1mm、3mm、5mm）以下。作为建筑材料或者用来替代玻璃，厚度以及尺寸远远达不到。例如：为了建造透明木质复合屋顶（8cm×12cm×0.5cm）或透明木质复合窗（30cm×25cm×0.5cm），分别将 6 块或 42 块透明木材缝在一起[3,26]。作为新型结构功能材料，在产业化过程中，急需发展出一条适用于大尺寸、一定厚度的透明木材制备路线。

（4）现有文献所报道的去除木质素方法不太适用大尺寸木材。例如：次氯酸钠体系适于 1mm 以下的木片，厚度增加到 5mm 以上时，常温下数周内无法除去木材中的木质素，并且纤维素骨架也会随着时间逐渐破碎，严重影响了透明木材的制备，而亚氯酸钠的脱木质素体系又在 100℃ 以上分解严重，存在安全隐患的同时又非常耗时，而对于较厚的木材，数天内无法进行完全漂白。目前基于溶液法去除木质素的最大问题是木质素含量降低的漂白木可能会在漂白溶液中被破坏[18]，因为木质素作为聚合物基质黏合剂起到连接细胞壁纤维素的作用，木质素的脱除，使得原本具有很高的机械强度木材，变得非常脆弱。木细胞壁包括三个超微结构：胞间层、主生壁和次生壁，其中胞间层用于黏附相邻细胞并且是重度木质化的[36-37]。脱木质素后，脱木质素木材的机械强度降低，导致富含木质素的胞间层的细胞壁严重分层，在漂白溶液中逐渐被破坏。例如：年轮和射线较多的松树、榉木，在基于 $NaClO_2$ 溶液的脱木质素作用后很快就沿着纹理以及破碎，这都限制了透明木材的制备。在这方面，木质素低残留的技术处理路线和纤维素骨架的保留仍然具有挑战性[3,26,33,38]。

（5）厚度增加后，聚合物难以灌注。这由于大多数的聚合物具有一定的聚合时间，而纤维骨架的厚度增加后，使得纤维管的长度增加，较黏稠的聚合物浸渍非常的缓慢，往往在聚合时间内无法进入到纤维骨架内部[39-40]。并且在给予较大的压力后，纤维管束中很容易进入，但是细胞壁之间仍是很难浸渍，同时纤维素也可能会断裂，这将亲水性的纤维素骨架与疏水性的聚合物间存在界面间隙，最终导致光学性能、机械性能的下降。

（6）虽然透明木材是非常具有潜力的新型透明材料，可以用于多个领域，如节能建筑、电子、太阳能电池等领域[1-3,7,25,35,41]。但是，任何材料都存在一定的老化问题，因此，研究其抗老化能力以及老化与木质素之间的关系也是非常重要的，而目前还有没有关于透明木材老化研究的详细报道。

（7）透明木材应用于建筑材料的真实表现未进行研究。目前的研究是在实验室级别中，给出最理想、最完美的条件下进行的测试的，并且尺寸上也非常的小，很难清楚的了解其在真实环境下的表现。而尺寸的限制，也使得其作为建筑材料变得非常局限。因此，仍需要发展一种替代品使透明木材真正可以应用于建筑领域。

8.1.2　研究内容

本章的主要研究内容包括以下 5 个方面：

（1）基于当前文献不能去除大尺寸、超厚天然木材中的木质素，笔者课题组设计发展了双氧水汽蒸法，可去除尺寸 20cm×20cm×5cm（长×宽×厚）的椴木、松木中的木质素，木质素残留量低至 0.8%，仍保留骨架完整。

（2）真空辅助与常压静滴相互结合，将 PMMA，环氧树脂等与纤维素折射率相匹配的聚合物浸入去除木质素后的纤维素骨架内，优化固化温度、固化时间，得到透明木材。

（3）利用不同方法制备出透明木材，置于室外进行老化，考察木质素剩余含量、不同聚合物、不同制备方法等对透明木材老化的影响。

（4）利用半透明木材组合成不同房屋模型，探讨模型内部的光强大小。将制备出 2cm、5.2cm 厚的半透明木材进行搭配，组成房屋模型，在晴天与阴天下分别研究模型内部的光强变化，讨论其作为建筑材料的可行性与优势。

（5）表征与测试：通过测量木质素残余量，研究各种因素对木质素剩余量的影响；通过测量纤维素、半纤维素的含量，研究高效脱木质素的 H_2O_2 或者 H_2O_2/HAc 汽蒸法对纤维素与半纤维素的影响。通过 SEM、XRD 等测试获得除木质素前后的形貌、结构变化；通过透光率和雾度的测试，考察不同条件下对透明木材的透光率和雾度的影响。通过光强、色差及力学测试，研究透明木材在真实环境下的耐候性。

8.2　双氧水汽蒸法脱木质素制备木材纤维素骨架

通过脱除木质素来制备保留完整的纤维素骨架，是研制透明木材过程中的关键一步，不仅决定了吸光物质——木质素的残留量，还影响聚合物填充时所需通道。根据现有的文献中所展示出的脱木质素方法，可以分为几类。通过将木材样品浸泡在不同漂白溶液中来除去木质素（表 8-1）：① 含有 NaOH 和 Na_2SO_3 的沸腾溶液处理木材，随后在沸腾 H_2O_2 溶液中进行漂白[1,3,7,25]；② H_2O_2 - HAc 溶液[42]；③ 过氧乙酸溶液[43]；④ $NaClO_2$ 与醋酸盐缓冲溶液[2,4,30]；⑤ $NaClO_2$ 溶液和 H_2O_2 溶液的组合[5,24]；⑥ NaClO 溶液[6,44-46]。以上方法可以得到漂白木的纤维素骨架，但是所得到的纤维素骨架尺寸非常小并且木质素含量相对较高。

本章研究的主要内容是制备大尺寸、超厚纤维素骨架，以更加简单并且绿色的方法得到低木质素残留量的大尺寸纤维素骨架。通过利用 H_2O_2 或者 H_2O_2/HAc 汽蒸进行脱木质素可以使得木质素快速脱除，其木质素残留量也非常低。同时此方法也可以制备出大尺寸的纤维骨架，这对后续大尺寸透明木材的制备非常具有意义。

表 8-1　不同木材的纤维骨架尺寸、漂白时间以及剩余木质素含量

木材样品/化学药品	木材尺寸(长×宽×厚)/mm	漂白时间/h	木质素含量/%
巴沙木/ $NaClO_2$[4]	50×50×(0.7~8.0)	6(3mm) 12(5mm、8mm)	2.9
巴沙木/$NaClO_2$[37]	100×100×1.5	6	2.5
榉木/$NaClO_2$[2]	厚度: 0.1~0.7	12	无数据
杨木/$NaClO_2$/H_2O_2[24,30]	20×20×0.5; 20×10×0.5	12 + 4	无数据
椴木/$NaOH + Na_2SO_3$;H_2O_2[1,3,7]	50×50×3	3 + 3	2
	40×40×5	3 + 3	无数据
	厚度: 14	无数据	无数据
	30×22×1	12	无数据
榉木/$NaOH + Na_2SO_3$;H_2O_2[25]	40×50×5	48	无数据
杉木/$H_2O_2 + HAc$[42]	100×20×10	6	无数据
椴木/松木 /$NaClO$[44,45]	50.8×50.8×0.25	3~5	无数据
	44.5×44.5×0.8	3	无数据
巴沙木/过氧乙酸[43]	20×20×1 20×5×5 50×50×5	3 6 12	5.5

8.2.1　实验材料与方法

8.2.1.1　实验材料

木材：椴木、松木。化学药品：H_2O_2(30%溶液，国药控股，上海)和HAc(99.8%，国药控股，上海)。

8.2.1.2　实验方法

木块的尺寸为50(或100)mm×50mm，厚度为5mm、10mm或20mm，将木块样品放置在单元格尺寸为5mm×5mm的网格上，然后将其放置在沸腾的H_2O_2(30%)水溶液之上，样品与H_2O_2液面距离大约为2cm。当样品黄色完全消失后，将样品取出并用冷水和乙醇冲洗，将去除木质素的样品储存在乙醇中。类似的实验过程也适用于不同厚度的椴木木材的旋切片样品(尺寸为210mm×190mm，厚度为0.8mm或2.0mm)。对于较厚的木块，厚度为20mm、40mm、52mm的样品，将H_2O_2溶液换成H_2O_2与HAc(体积比为5∶4)的混合溶液即可。

8.2.1.3　测试方法与表征仪器

微观形态表征：扫描电子显微镜SEM(TESCANVEGA3，Brno，The Czech Republic)。纤维素、半纤维素、木质素含量测量：使用标准方法——制浆造纸工业标准技术协会标准以及XRD。透明木材综纤维素的体积分数：根据所制备的透明木材质量差异进行确定。

(1)木质素测量方法

①将木材磨碎，分别通过40目和60目标准筛，取出60目标准筛中残留的碎屑，在104℃中进行干燥，时间为4h。

②称量1g干燥过的木屑，质量记为m，并用定量滤纸将木屑包装好，用棉线包扎。

③将包装好的木屑置于索氏抽提器中，加入苯和乙醇混合液（比例为 2∶1），第一次加入混合液应与超过索氏抽提器的虹吸管位置，待液体全部进入提取瓶，第二次加入混合液应为虹吸管高度的一半左右，调节水浴温度，使得混合液可以每小时循环 4~6 次，抽提时间为 4h（用于除去木材中的抽提物），结束后，将滤纸包进行风干。

④准备一张滤纸，用 3% 的 H_2SO_4 溶液洗涤滤纸 3~4 次，然后用热的去离子水再次洗涤滤纸，直到滤纸不再为酸性，并且置于干燥箱中 104℃下进行干燥，知道滤纸恒重，记录滤纸质量为 m_1。

⑤将滤纸包中的碎屑置于 15mL 72% 的 H_2SO_4 溶液中搅拌 2h，转移到烧杯中，并加入去离子水，至总体积为 560mL，煮沸 4h。冷却至室温，并用上述准备好的滤纸进行过滤不溶物。

⑥过滤完成后，用热的去离子水冲洗滤纸，直到滤纸边缘不再为酸性，并且用 10%$BaCl_2$ 滤液进行检测，直到滤液无白色浑浊。将滤纸进行 104℃进行干燥至恒重。记为 m_2，计算公式如下：

$$木质素含量 = \frac{m_2 - m_1}{m} \times 100\% \tag{8-1}$$

（2）综纤维素的测量方法

纤维素骨架样品磨粉 103℃进行干燥，精确称取 2g 试样，将其用滤纸包好，并用棉线进行包扎，放入索氏抽提器中，加入苯醇混合液，置于沸水浴中抽提 6h（控制抽提液抽提次数每小时不少于 4 次）。将试样取出烘干，解开滤纸包，仔细移入容量 250mL 的锥形瓶中，加入 65mL H_2O、10 滴（0.5mL）HAc 及 0.6g $NaClO_2$，在锥形瓶上倒扣一个容量为 25mL 小锥形瓶，放在 75℃恒温水浴中加热 1h。在加热过程中，应经常摇动锥形瓶，1h 后，加入 10 滴（0.5mL）HAc 及 0.6g $NaClO_2$，摇匀，继续在 75℃水浴中加热 1h。最后将锥形瓶自水浴中取出，放进冰水中冷却。用已恒重的玻璃滤器过滤，用冰蒸馏水反复洗涤至不显酸性反应为止。最后用丙酮洗涤 3 次，吸干洗液，取出滤器，用蒸馏水将滤器外部吹洗洁净，移入烘箱，于（102±3）℃烘干至恒重。冷却，称重，重量增加值即为综纤维素含量（M）。计算公式如下：

$$M = \frac{G_1 - G}{G_2(100 - W)} \times 100\% \tag{8-2}$$

式中，M 为纤维素含量，%；G 为烘干后的玻璃滤器重，g；G_1 为盛有烘干综纤维素的玻璃滤器重，g；G_2 为风干试样重，g；W 为试样水分，%。

（3）纤维素测量方法

①用 20%HNO_3 及 80% 乙醇混合液处理粉碎后的纤维骨架原料，使所含木质素变为硝化木质素，从而溶于乙醇中，剩余残渣过滤后，用水洗涤并烘干，测定其含量。

②精确称取（1.0000±0.0001）g 试样于称量纸上（同时另称取试样测定水分），再将其移入容量为 300mL 锥形瓶中，加入 25mL 硝酸—乙醇混合液，装上回流冷凝装置，置于沸水浴上加热 1h，在加热过程中，应随时摇荡锥形瓶，以防止残渣飞溅。

③移去冷凝器，并将锥形瓶从水浴锅上取下，静置片刻以使残渣沉积到瓶底，然后用倾泻法滤入已恒重的玻璃滤器中，利用真空泵将滤器中滤液吸干，再用玻棒将流入滤器的残渣全部移入原锥形瓶中，量取 25mL 硝酸—乙醇混合液，分数次将滤器中及锥形瓶口上附着的残渣，洗回锥形瓶中。装上回流冷凝器，再在沸水浴上加热 1h，同时不停地摇荡锥形瓶。重复至纤维变白为止。用原恒重滤器进行过滤。

④最后将锥形瓶从水浴上取下，过滤，以 10mL 硝酸—乙醇混合液洗涤残渣及锥形瓶，

然后以热水洗涤，并将残渣全部移入滤器中。以热水洗涤至不呈酸性为止（甲基橙显色）。最后用乙醇洗涤两次。

⑤吸干洗液，取出滤器，用蒸馏水将滤器外部吹洗干净，移入烘箱中，于105℃下烘干至恒重，即为纤维素重（M）。计算公式如下：

$$M = \frac{G_1 - G}{G_2(100 - W)} \times 100\% \tag{8-3}$$

式中，M 为纤维素含量，%；G 为玻璃滤器烘干后的重量，g；G_1 为经烘干后玻璃滤器连同残渣重量，g；G_2 为风干试样重量，g；W 为试样水分含量，%。

8.2.2 结果与讨论

8.2.2.1 不同树种木质素的去除

木质素在光学上为褐色，而纤维素是无色的[1]。如图8-1所示，椴木（50mm×50mm×5mm）的木质素含量是逐渐降低的。原木的木质素为22.7%，呈现出灰白色；0.5h后，椴木块变成了深橘黄色，木质素含量降至17.5%。蒸汽处理1h后，深橘黄色变为浅橘黄色，并且一些区域已经显示为白色，木质素含量进一步降至9.6%。蒸汽处理1.5h后，样品几乎变为白色，木质素含量降至1.9%。这是一个快速的脱木质素过程。2h后，不仅颜色完全变成

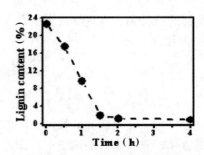

图8-1 椴木木质素含量随时间的变化

了纯白色，木质素含量也进一步降低为1.1%，并且纤维素骨架下面的网格也很明显（由于纤维素的折射率大约为1.5，水的为1.33，折射率比较接近）。而继续对样品进行蒸汽处理4h后，脱木质素后的纤维骨架仍然保存完好整。木质素含量可进一步降低至约0.84%，这是迄今为止木质素含量最低的椴木纤维素骨架，并且展现出了更清晰的网格。

松木（50mm×50mm×5mm）与椴木的脱木质素过程相似，蒸汽时间为0h、0.5h、1h、2h、4h，木质素含量从29.7%降至17.8%、2.1%、1.5%和1.05%。相应地，松木的颜色也从浅黄色变为棕色、略带棕色、近乎白色至全白色。即使经过8h的蒸汽处理，脱木质素的纤维骨架也保存完好，木质素含量进一步降低至其最低值0.82%（图8-2）。

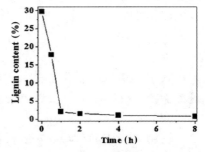

图8-2 松木木质素含量随时间的变化

8.2.2.2 脱木质素过程对纤维素的影响

蒸汽脱木质素的动力学很快，木质素与半纤维素可以被高效、大幅度的去除，而纤维素的降解却可以忽略不计（图8-3），始终保持在一个稳定的水平，减少的非常缓慢。即便在木材完全变白后，继续延长一倍的时间，2~4h时，木质素与半纤维素依然持续下降，而纤维素则由41.31%下降为40.11%，纤维素的降解微乎其微，而图8-4进一步证明了脱木质素后的纤维素骨架在 H_2O_2 蒸汽处理4h后仍然保持较好的结晶度，因此，这也证明了 H_2O_2 蒸汽脱木质素方法是一种简单、绿色、高效的制备纤维素骨架的方法。

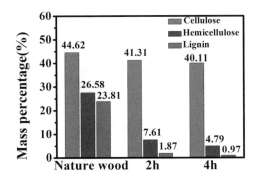

图 8-3 漂白时纤维素、半纤维素、
木质素的质量百分比

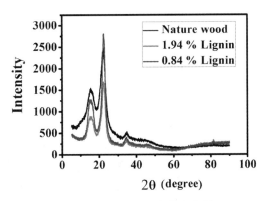

图 8-4 原木和不同木质素含量
漂白木的 X 射线衍射

8.2.2.3 脱木质素对微观结构的影响

扫描电子显微镜(SEM)展现了原木和脱木质素后的纤维素骨架形态和微观结构(图 8-5)。图 8-5 中 A、B 显示了脱木质素作用前椴木块的 SEM 图像,有大量的管腔,直径约 10~50μm,同时高放大倍数的 SEM 图像显示原木具有致密、光滑的细胞壁,管腔与管腔的连接处非常的厚实、致密,这是木质素存在的主要部位。经过蒸汽脱木质素作用后细胞壁和细胞壁角落产生大量的微观孔隙,而高放大倍数 SEM 则显示出了更多的空隙(图 8-5 中 C、D),为聚合物的灌注提供了便利通道。

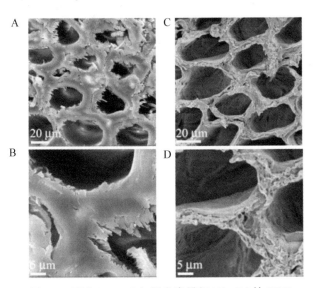

图 8-5 原木(A、B)与纤维素骨架(C、D)的 SEM

8.2.2.4 不同厚度木材的蒸汽法脱木质素

H_2O_2/HAc 热溶液是木质纤维素生物炼制领域广泛使用的漂白体系,使用 H_2O_2/HAc 蒸汽可以容易地对多种厚度椴木的进行脱木质素并保留纤维骨架,如图 8-6 中 A 所示。而对厚度为 20mm 和 40mm 的椴木进行脱木质素时,所需要的时间分别大约 4h 和 20h,才能变成完全白色(图 8-6 中 C)。同时,蒸汽的脱木质素工艺也适用于具有不同切割方向的木材。例如:在蒸汽脱木质素约 4h 后,厚度约为 0.8mm 的旋切椴木切片(210mm×190mm)颜色变为白色

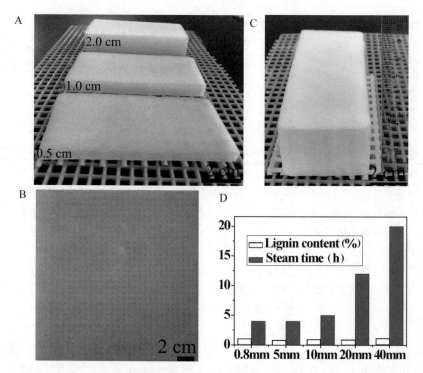

图 8-6 A 为 5~20mm 厚度的横切木，B 为 0.8mm 厚旋切木，C 为 40mm 厚度的
横切木纤维素骨架，D 为不同厚度木材的脱木质素时间与木质素残留量

（图 8-6 中 B），表明几乎完全去除了木质素。图 8-6 中 D 展示了不同厚度的木材、脱木质素的时间及木质素剩余含量。随着厚度的增加，脱木质素时间逐渐延长，但是剩余木质素的含量却比较稳定，保持在一定的范围内，这也说明了蒸汽脱木质素受到厚度的影响较小，能够稳定地去除木质素。而表 8-2 展示了不同树种与不同尺寸下的木质素漂白所需的时间。

表 8-2 不同木材的纤维骨架尺寸、漂白时间以及剩余木质素含量

大小和厚度/mm	时间/h	木质素含量/%
Ra 100×50×5	4	0.84
Ra 100×50×10	5	0.96
Ra 100×50×20	12	0.94
Ra 50×50×20	4	1.03
Ra 100×50×40	20	1.16
Ra(pine)50×50×5	8	0.82
Ro 210×190×0.8	4	1.06

注：Ra 指横向切割的木材，Ro 指纵向旋切的木材。

同时，基于此方法，可以很容易的制备出很多 2cm 厚度的纤维素骨架（图 8-7），甚至将纤维素骨架的尺寸提升到了厚度为 5.2cm，尺寸为 110mm×70mm，这是目前在实验阶段所得到的最厚的纤维素骨架，其尺寸接近建筑砖块（图 8-7），从上述两幅图中可以看到，脱木质素后的纤维素骨架近乎于纯白色，并且依然保留着原始木块的外形，这也展现了 H_2O_2 或者 H_2O_2/HAc 蒸汽脱木质素方法的优越性。

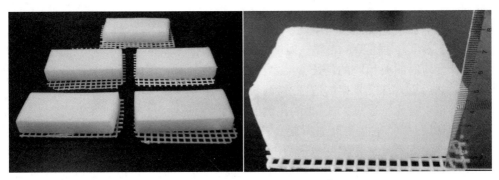

图 8-7 2cm(左)和 5cm(右)厚度的纤维素骨架

8.2.3 小 结

本节设计发展了一种绿色、普适、高效、快速的蒸汽方法，适用于对从薄到厚的大型木材样品进行高效的脱除木质素后的纤维素骨架保留，以制备透明木材。脱木质素策略不仅简单、绿色、快速、环保，而且还适用于不同的木材种类（椴木、松木、巴沙木）、不同的切割方向（Ro 和 Ra）、不同的厚度（0.8mm、5mm、20mm、40mm、52mm）和不同的尺寸（210mm×190mm，100mm×50mm，50mm×50mm，110mm×70mm）。并且脱木质素后也保留了原有的纤维素骨架以及极低的木质素残留量，提供了良好纤维骨架。这也为大尺寸、超厚透明木材的制备提供了纤维素骨架模板。

8.3 透明木材的制备与表征

透明木材的制备是基于脱木质素后的纤维素骨架进行的，在进行制备透明木材时，要将木材进行脱木质素处理，并且保持纤维素骨架完整，之后再将纤维骨架中的水分完全脱除。本节研究中表征了蒸汽法所制备出的透明木材相关性能。通过降低木质素含量后，所制备出的透明木材在力学性能和光学性能上可以与及乙酰化法制备的透明木材相媲美，这展示出了一种可以替代繁琐的乙酰化处理的方法[47]。并且，在透明木材的聚合物浸渍中采用了静滴灌注加真空灌注的方法，使得聚合物可以顺着导管不断的靠重力往下填充，然后在通过真空压力进行完全灌注，具有非常好的填充效果，同时也将 2cm 厚的透明木材完美的制备出来。

8.3.1 实验材料与方法

8.3.1.1 实验材料

不同厚度的纤维素骨架，厚度分别为 0.5cm、1cm、2cm，用于渗透的聚合物：环氧树脂（Npel-128 和 D-230 氨基封端的聚氧丙烯硬化剂，南亚塑胶，中国台湾）。清洗剂是乙醇和丙酮(无水，国药控股，中国上海)和去离子水。乙酰化药品：乙酸、吡啶、N-甲基-2-吡咯烷酮。

8.3.1.2 实验方法

纤维骨架的清洗：通过 H_2O_2 或者 H_2O_2/HAc 蒸汽脱木质素后留下的纤维素骨架利用去离子水多次清洗，除去残留的脱木质素化学药品。之后用无水乙醇进行冲洗除掉纤维骨架中大部分的水，接下来依次用无水乙醇、无水乙醇：丙酮(1∶1)、纯丙酮进行循环冲洗，直到纤维素骨架中的水基本被交换出来。随后将纤维素骨架置于真空下(0.08MPa)脱去骨架中的可挥发性溶剂。

纤维素骨架的乙酰化：乙酸：吡啶：N-甲基-2-吡咯烷酮=7：6：100（体积比）进行配比，反应温度为80℃，时间为4h[48]。温度与时间可根据木材的厚度调整，温度以60℃为基础，温度低，反应时间要相应的延长，反之，则缩短。乙酰化后的纤维素骨架用 NaClO（5%）进一步漂白，然后重复纤维骨架的清洗过程。

聚合物渗透：首先，通过以3：1的比例混合两种液体组分（Npel-128 树脂，D-230 氨基封端的聚氧丙烯硬化剂）来制备环氧树脂。其次，将纤维素骨架利用网格抬起，然后用配好的树脂进行滴注，直到纤维骨架基本透明，之后将纤维素骨架放在盘子的底部并浸入液体树脂中。再次，将溶液在真空下（0.08MPa）进行浸渍，20min 后，释放真空以使树脂在大气压下填充到脱木质素木结构中。真空渗透重复三次以确保完全渗透。最后，将含有木材样品和树脂的盘子在30℃下保持静置24h。在树脂完全固化后，将树脂渗透的木材样品从盘上剥离。

综上，透明木材完整的制备路线是通过脱木质素后留下纤维素骨架并匹配环氧树脂（或者其他折射率为1.5的高聚物）所得，如图8-8所示。而实验中所用的简易蒸汽装置，如图8-9所示，漂白溶液烧杯加水冷却烧杯，反应过程中，蒸汽不断地向上穿过需要漂白的木材并与木质素反应，不断地进行循环。

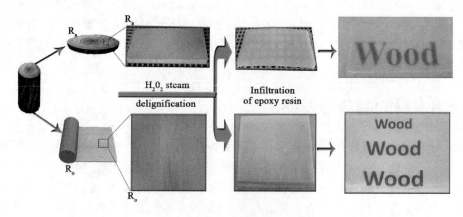

图 8-8　透明木材的制备流程

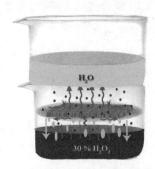

图 8-9　简易的蒸汽脱木质素装置示意图

8.3.1.3　测试方法与表征仪器

微观形态表征：扫描电子显微镜 SEM（TESCANVEGA3，Brno，The Czech Republic）透光率测试：UV-VIS-IR 光谱仪（U-4100，Hitachi，Tokyo，Japan）

透光率计算公式见式(6-7)，雾度计算公式如下：

$$Haze(\%) = \frac{T_4}{T_2} - \frac{T_3}{T_1} \tag{8-4}$$

式中，T_1 代表积分球后面放置反射白板，而后再通过积分球后的光线透过数值；T_2 代表各木材样品放置到样品夹上的光线透过数值；T_3 表示积分球后放入黑色光陷阱，光线穿过积分球后的数值，T_4 表示积分球前面放入样品后，后面无陷阱无白板。

机械性能：万能力学测试机（ProLineZ020TN，Zwick，Ulm，Germany）。测试样品的尺寸为：10cm×1cm×0.5cm。

应力（Stress）—应变（Strain）计算公式见式（6-8）、式（6-9）。

8.3.2 结果与讨论

8.3.2.1 聚合物填充前后的微观形貌变化

原木经过脱木质素后，其微观形态上产生了很多变化，首先纤维管束的直径明显变大，管束纤维壁连接的部分变得较为干瘪，并且出现了很多孔隙结构（图 8-10 中 A、B），这些多孔结构的产生可以让更多的聚合物进入，增加聚合物在纤维素骨架中的占比，使得透明木材在性能上得以提升。再经过聚合物的填充后，蜂窝状的结构完全被聚合物填充，孔洞消失，同时，纤维管细胞壁上孔隙也已经被填充（图 8-10 中 C、D）。聚合物填充完全，可以降低光线在穿过管腔时发生折射的次数，从而减少光通量的损失。

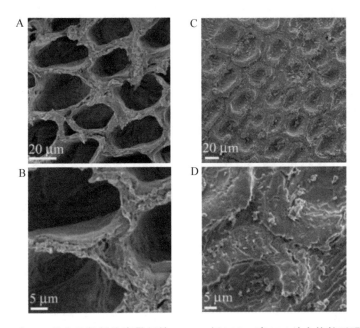

图 8-10 低（A）、高（B）放大倍数纤维素骨架的 SEM，低（C）、高（D）放大倍数透明木材的 SEM

8.3.2.2 不同厚度透明木材的光学与机械性能

不同厚度的透明木材及其光学、力学性能如图 8-11 所示。图 8-11 的 A、B 中 5mm 厚的 Ra 型透明木材在 550nm（人眼对光线最敏感的波段）处的透射率和雾度分别为 87% 和 90%，相同厚度下，蒸汽法得到 0.5cm 厚透明木材在光学性能上超过了大多国外相关研究中的数值，但是透光率也略低于目前所出现的最高值（90%）。值一提的是，通过蒸汽法成功地将 1cm 和 2cm 厚的透明木材制备出来，并且展现出了 70% 的透光率、95% 的雾度（1cm 厚）以及 40% 的透光率和 97% 的雾度(2cm 厚)，这对于透明木材的制备是一种较好的发展趋势。图 8-11 中 C 是所制备出的 0.5cm、1cm、2cm 厚的透明木材样品，每一种厚度的样品都可以清晰 wood 字样。同时，1cm 厚与 2cm 厚的样品尺寸也比目前国内外研究中所展示的大的多。这是因为木质素去除后的纤维骨架的保留以及聚合物的浸渍是目前制约透明木材发展的一大问题，较厚的木材很难除去木材中心部位的木质素。而在聚合物的灌注中，较厚的木材也很难在现有的真空下完全灌注。图 8-11 中 D 中所展示的是样品的机械性能，原木的应力为 5.2MPa，含有 1.9% 木质素的透明木材应力为 12.5MPa，含有 0.84% 木质素的透明木材应力为 20.6MPa，环氧树脂的应力为 55.3MPa，从这里可以看出，透明木材含有的木质素含量越低，机械强度越大，而含有 0.84% 木质素的透明木材应力大约是原木的 3.6 倍，远超过天然木材，这说明低木质素含量的透明木材具有更好的机械性能。

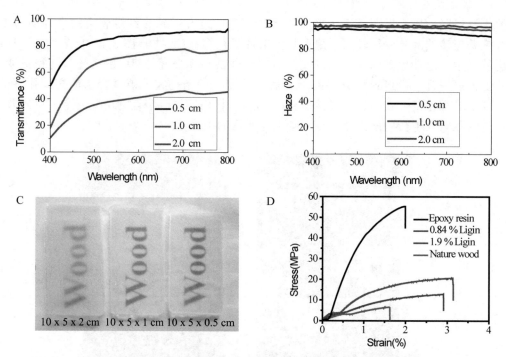

图 8-11　不同厚度透明木材光学性能以及不同木质素残留量的力学性能对比：**A** 为不同厚度透明木材的透光率，**B** 为不同厚度透明的雾度，**C** 为不同厚度的透明木材样品图，**D** 为不同木质素含量透明木材、树脂、天然木材力学性能对比

8.3.2.3　不同木质素含量的透明木材与乙酰化透明木材的性能对比

纤维素骨架的乙酰化，可将本来亲水性的纤维素骨架转变为疏水性，从而消除了纤维素骨架与所填充聚合物两相间的界面间隙，最终提高了所制备透明木材的机械强度和透光率[37]。虽然乙酰化后的纤维素骨架在匹配聚合物后，性能(光学、机械性能)上具有较好的提升，并且木材的厚度越小，提升越明显，但是过程却非常的繁琐。与常规方法相比，乙酰化后的纤维素骨架因呈现出黄色，需要再次用 NaClO 进行漂白，这对于相对脆弱的纤维素骨架是较为不利的，同时乙酰化的过程中对环境也非常的不友好。所以在本节中，选择了一种较为直接的方式——降低木质素含量，增加聚合物灌注的通道，从而灌注更多聚合物，以此来代替乙酰化。为了研究脱木质素木材中低木质素含量对透明木材的影响，用 SEM、光学和机械性能进行了分析。如图 8-12 所示，采用 1.9% 木质素含量的透明木材(与基于溶液法制备透

的明木材中含有的木质素含量相当)以及 0.84% 木质素含量的透明木材进行了表征。为了更加直观的进行比较,对含有 1.9% 木质素的乙酰化纤维骨架、含有 1.9% 木质素的纤维骨架和含有 0.84% 木质素的纤维骨架在相同条件下对同时进行环氧树脂的灌注。如图 8-12 中 A、B 所示,含有 1.9% 木质素的透明木材在 550nm 波长下的透光率为 80%,而 0.84% 木质素的透光率增加到 87%,这表明透光率随着木质素含量的降低而增加。

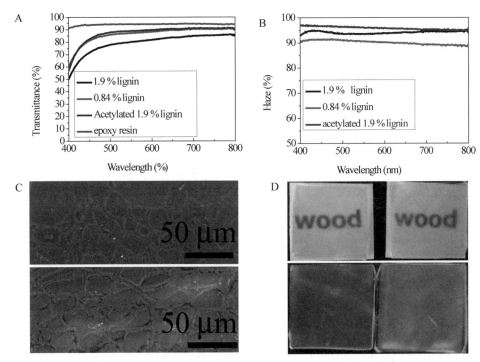

图 8-12 蒸汽法与脱木质素后的乙酰化法在性能和微观上的对比:A、B 是蒸汽法
得到的不同木质素残留量透明木材与乙酰化透明木材光学性能对比透明的雾度,
C 是 0.84%(上)与 1.9%(下)木质素残留量的透明木材 SEM 图像,
D 是 0.84%(左)与 1.9%(右)木质素残留量的透明木材

在样品的分辨上,虽然在具有文字的白色基底上很难区分 1.9% 和 0.84% 木质素含量的透明木材,但是在黑色基底上却很容易区分它们(图 8-12 中 D)。从图 8-11 中 D 可以看出,当椴木纤维素骨架的木质素含量从 1.9 降低到 0.84% 时,相应透明木材的机械强度也从 12.5 增加到 20.6MPa。主要原因是随着木质素去除量增加,在富含木质素的细胞壁角落中产生更多的孔(图 8-10 中 B),这为环氧树脂的渗透以抑制环氧树脂之间的界面剥离间隙提供了更方便的途径。这与图 8-12 中 C 的 SEM 图像相吻合,上面的 SEM 图像比下面的灌注的更加紧密,在 1.9% 的透明木材中,环氧树脂与纤维素骨架的管道之间存在微米级界面间隙,这会降低光学和机械性能。随着脱木质素木材的木质素含量从 1.9 降至 0.84%,透明木材的纤维素体积分数从约 0.138 进一步降低至 0.129,这可能是导致透明木材的机械性能增加的原因。同时,通过与乙酰化后的透明木材的透光率和雾度做对比,降低木质素含量,在性能上是可以与乙酰化后的透明木材相媲美,并且在方法上更为简单、绿色。

8.3.3 小 结

蒸汽法提供了良好的、较厚的大尺寸纤维素骨架,所制备的透明木材具有高透光率

（87%）、高雾度（90%）和高达天然木材3.6倍的机械强度，并且能够与乙酰化改性后的透明木材相媲美，不需要额外的NaClO对纤维素骨架进行漂白。①通过去除更多的木质素来产生孔隙，可以更方便地回填环氧树脂等聚合物；②通过降低所获得的纤维素体积分数来消除细胞壁和填充的环氧树脂之间的界面间隙，来增加了透明木材的光学和机械性能；③蒸汽法制备的透明木材是一种简单、绿色、高效的通用方法，可制备具有最低木质素含量的、厚的和大尺寸的纤维素骨架，并制备高透明、大尺寸的透明木材，这将为开发节能建筑材料、柔性电子设备和太阳能转换设备开辟新途径和利用方式。

8.4 透明木材的耐候性研究

透明木材因其具有高透光、高雾度的原因，可以用作节能建筑材料（隔热窗、屋顶）和太阳能电池中的高效宽带光控层等，因此研究透明木材的耐候性能非常重要。因为透明木材所具有的更多是光学性质，其应用也相对较多。无论是作为节能建筑材料还是太能电池的光控层，都需要长时间辐照太阳光。然而，目前还没有研究透明木材的耐候性能（例如颜色变化、光学透射率稳定性、机械稳定性等）的详细报道。从理论上讲，纤维骨架中木质素残留量和灌注的环氧树脂或PMMA都会因阳光的影响而发生降解。类似于暴露于阳光和雨水引起的木材表面的变化，这也被称为老化[13-15]，透明木材可能经历老化，包括颜色变化、光学性能变化、机械性能变化等，这对评估透明木材的户外可持续性非常重要。

8.4.1 材料与方法

8.4.1.1 实验材料

材料：径向切割椴木（尺寸为50mm×50mm×5mm）。用于从木材中去除木质素的化学品：①蒸汽法，H_2O_2（30%溶液，国药）；②乙酰化法：$NaClO_2$（99.8%，国药），乙酸酐（阿拉丁），吡啶（阿拉丁）和N-甲基-2-吡咯烷酮（NMP，阿拉丁）；③保留80%木质素法：去离子水、硅酸钠（九水，国药）、氢氧化钠（98%，阿拉丁）、硫酸镁（七水，国药）、DTPA（99%，国药）、H_2O_2（30%，国药）。两种聚合物（用于渗透）：环氧树脂（Npel-128和D-230氨基封端的聚氧丙烯硬化剂，南亚塑胶）甲基丙烯酸甲酯（阿拉丁），2,2'-偶氮二异丁氰（阿拉丁）。使用的清洗溶剂无水是乙醇（国药）和去离子水。

8.4.1.2 实验方法

透明木材的老化样品分为两组。

第一组是采用两种不同的方法从椴木中去除木质素：H_2O_2蒸汽脱木质素[47]和基于$NaClO_2$的脱木质素结合乙酰化[37]方法。使用乙酸酐、吡啶和N-甲基-2-吡咯烷酮作为溶剂进行木材乙酰化。①环氧树脂灌注：真空下（0.08MPa），将纤维素骨架浸到环氧树脂中，反复进行抽放，在30min内抽放循环3~4次，直到木材透明，随后将其置于干燥箱中30℃固化12h；②PMMA渗透：MMA在渗透前预聚合，除去溶液中所溶解的氧。用0.3wt%的偶氮二异丁氰为引发剂，在85℃下进行了15min的预聚合，之后将溶液置于冰水浴中进行冷却。随后，将纤维素骨架置于预聚合的PMMA溶液中进行全真空渗透。最后，将PMMA浸润的纤维素骨架夹在两块璃玻片中，用铝箔包装，然后在75℃的干燥箱中进行聚合，聚合时间为4h，最后将透明木材从玻璃板上剥离。

在整个老化实验中制备了4种不同类型的透明木材：①由H_2O_2蒸汽脱木质素所得到的纤维骨架+环氧树脂组成的透明木材；②H_2O_2蒸汽脱木质素纤维骨架+PMMA组成的透明木材；

③基于 NaClO$_2$ 的脱木质素后乙酰化的纤维骨架+环氧树脂组成的透明木材；④基于 NaClO$_2$ 的脱木质素后乙酰化的纤维骨架+ PMMA 组成的透明木材。有 8 块样品用于室外老化：四种类型的透明木材复合物——纯环氧树脂、PMMA、H$_2$O$_2$ 蒸汽法脱木质素后的纤维骨架和基于 NaClO$_2$ 的脱木质素后的纤维骨架。

第二组是采用 H$_2$O$_2$ 蒸汽法，在不影响透明木材制备前提下，得到两种不同木质素含量的纤维素骨架，利用 PMMA 进行灌注制备透明木材，然后利用去离子水，硅酸钠（3.0wt%），氢氧化钠溶液（3.0wt%），硫酸镁（0.1wt%），DTPA（0.1wt%），然后 H$_2$O$_2$（4.0wt%）配成溶液。将木材放入溶液中，温度为 70℃，直到木材变成白色。然后用去离子水彻底洗涤样品并保存在乙醇中直至使用。这一组所用的聚合物为 PMMA，聚合方式与上述一致。所制备的样品为 6 块（0.84% 木质素含量、1.9% 木质素含量、80% 木质素含量各两块）

室外老化：透明木材、环氧树脂、PMMA 和脱去木质素的纤维骨架样品牢固地固定在 34.29cm×40.64cm（13.5 英寸×16 英寸）的框架上，每个框架包含四个处理过的样品和一个对照样品。框架放置在具有 8 层高度的楼顶建筑试验场（中国昆明），面向南方，垂直角度为 45°。

8.4.1.3　测试方法与表征仪器

测量和表征：通过扫描电子显微镜（SEM，TESCAN VEGA3）表征样品的形态。用 UV-vis 光谱仪（Hitachi，U-4100）测量透射光谱和雾度[4]。万能力学材料机（ProLine Z020TN，Zwick）用于测量机械性能。

色差测量：使用色度计（CR-400，Osaka，Japan）在颜色空间中进行表面颜色测量。室外老化之前后，分别对每个样品的表面上的三个连续位置处测量每个样品的 L^*，a^* 和 b^* 值。

计算公式如下：

$$\Delta L^* = L^*(w) - L^*(u) \tag{8-5}$$

$$\Delta a^* = a^*(w) - a^*(u) \tag{8-6}$$

$$\Delta b^* = b^*(w) - b^*(u) \tag{8-7}$$

式中，ΔL^* 是亮度指数，范围在 0~100，最暗为 0，最亮为 10；Δa^* 是红绿色指数差，由绿到红的色彩变化，范围在 -128~+128，纯绿为 -128，纯红为 +128；Δb^* 是黄蓝色品指数，由蓝到黄的色彩变化，范围在 -128~+128，纯蓝为 -128，纯黄为 +128。根据等式计算相应的总色差 ΔE^*：

$$\Delta E^* = (\Delta L^{*2} + \Delta a^{*2} + \Delta b^{(*2)})^{1/2} \tag{8-8}$$

8.4.2　结果与分析

8.4.2.1　老化前后微观结构变化

在国外研究中，Lars Berglund 等人已经证明了透明木材的透光率会受到填充的聚合物和纤维骨架之间的界面剥离间隙影响。这是由于填充的聚合物与纤维之间会存在不同的膨胀系数，因此室外老化期间，由于聚合物的收缩，使得聚合物与纤维之间产生了界面剥离现象，出现了不同程度的间隙，这将导致透光率降低[41]。图 8-13 中 A、B 是室外老化前透明木材的低、高放大倍数的 SEM 图像，显示环氧树脂成功渗透到纤维以及纤维管束中，不存在界面剥离的间隙，但在室外老化 90d 后，填充的环氧树脂和纤维骨架之间存在明显的界面剥离现象（图 8-13C 和 D），而且是大面积的剥离，这将对光线的透过产生影响。

8.4.2.2　老化前后光学性能的变化

老化产生的界面剥离现象，直接影响的是其光学性能。而研究透明木材在室外老化过程

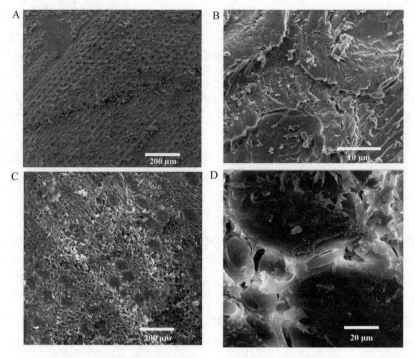

图 8-13   透明木材老化前（A、B）和后（C、D）的 SEM

中的光学性能非常重要，它是衡量透明木材性能好坏的重要指标。图 8-14 中 A 显示出了在室外老化 90d 之前和之后环氧树脂填充的透明木材的光学透光率。蒸汽法与 NaClO₂ 制备的样品透光率在 400~650nm 和 700~800nm 内室外老化后显著降低。对于纯环氧树脂，经过室外老化后，其透光率也在 400~800nm 内降低。同样的，PMMA 填充透明木材的透光率在室外老化后也会下降，如图 8-14 中 B 所示。根据图 8-14 中 A 和 B 的对比，可以看出，在 400~500nm，PMMA 填充样品的透光率高于环氧树脂填充的透光率，这可能是由于环氧树脂与 PMMA 自身组成成分不同的原因，并且 PMMA 自身的透光率也略高于环氧树脂。因此，从图 8-14 中可以得出，由 H₂O₂ 蒸汽进行脱木质素制备的透明木材与 NaClO₂ 法脱木质素后进行乙酰化而制备出透明木材之间的透光率差异，在室外老化之前和之后可忽略不计，但 PMMA 填充透明木材的在长时间的老化过程中，透光率变化是较小的，这点要优于环氧树脂填充的透明木材。这也说明透明木材的光学性能，尽管在室外老化 90d 后它们的透射率降低至约 70%，但却足以使用。

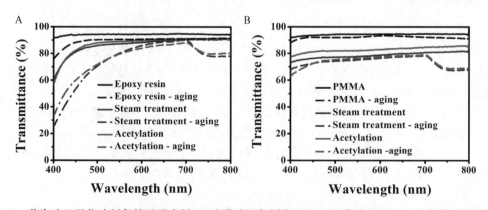

图 8-14   蒸汽法乙酰化法制备的透明木材（A 为灌注环氧树脂）和（B 为灌注 PMMA）老化前后光学性能对比

8.4.2.3 老化前后色差的变化

透明木材的老化与天然木材类似，其颜色稳定性对于其光学性能也很重要，因为颜色的变化会造成对可见光的吸收或者反射。根据 L^*、a^*、b^* 三个参数系统确定颜色的变化值。L^* 表示亮度，从 100（白色）到 0（黑色）变化；a^* 表示色度，红色为 $+a^*$，绿色为 $-a^*$；b^* 表示色度，黄色为 $+b^*$，蓝色为 $-b^*$。在室外老化 90d 之前和之后测量透明木材的 L^*、a^*、b^*。根据式（8-8）计算出总颜色的变化 ΔE^*，较高的 ΔE^* 值表示较大的颜色变化。

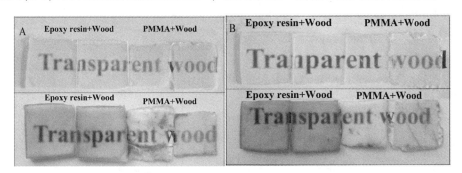

图 8-15　不同方法制备方法和不同聚合物的透明木材老化前后的颜色变化：
A 为蒸汽法法制备的不同聚合物的透明木材老化前（上）后（下）样品对比；
B 为乙酰化法制备的透明木材（灌注 PMMA）老化前后光学性能对比

如图 8-15 中 A 所示，蒸汽法与 NaClO₂ 法漂白加乙酰化制备的透明木材，无论是填充环氧树脂还是 PMMA，样品颜色在室外老化 90d 后全部增加，填充树脂的 PMMA 变化最大，填充 PMMA 的样品变化较小（上排样品为老化前，下排样品为老化后）。通过图 8-16 中 A、B、C 三图可以看出，蒸汽法脱木质素并填充环氧树脂的样品在老化过程中，ΔL^* 数值、Δa^* 数值、Δb^* 数值始终小于 NaClO₂ 法漂白加乙酰化得到的样品数值，而从图 8-15 中 B 可以看出，NaClO₂ 漂白加乙酰化法样品老化 ΔE^* 值大于 H₂O₂ 蒸汽法样品的 ΔE^* 值，从总色差变化数值 ΔE^* 可以直观的表明 H₂O₂ 蒸汽法得到的样品具有更好的耐候性能，原因是 H₂O₂ 蒸汽脱木质素后的纤维素骨架中木质素含量低于基于 NaClO₂ 的脱木质素加乙酰化的方法，而木质素在室外老化过程中会发生变色，对于环氧树脂填充的透明木材，总的颜色变化受 b^*（向黄色转变）的大幅增加的影响最大，并且受 L^*（亮度）的轻微增加和 a^*（向红色转变）的轻微降低的影响较小。而环氧树脂的 Δa^*（值约为 3）、Δb^*（值约为 5）、ΔL^*（值约为 1）较小，对透明木材整体的色差影响是相对较弱的。因此，蒸汽法得到的低木质素残留量的透明木材优于乙酰化方法。

通过上述可以看到，环氧树脂自身在老化过程中存在色差变化，这难免会对透明木材的老化数值造成一定的影响。因此，为了降低环氧树脂在透明木材老化过程中产生的影响，又选取了抗老化能力更加稳定的 PMMA，而 PMMA 填充的透明木材表现出了更好的总色差稳定性能，具有更小的 Δa^*，Δb^*，ΔL^* 和 ΔE^* 值（图 8-17）。如图 8-17 中 A 所示，PMMA、蒸汽法制备的透明木材、乙酰化方法制备的透明木材，这三者 Δa^* 数值波动范围在 -1~2，变化数值较小，而图 8-17 中 B 所示，PMMA 以蒸汽法透明木材两者数值相接近，未有太大的变化，而乙酰化法透明木材明显的升高，Δb^* 数值在 7 左右，而 Δb^* 的增大意味着样品变黄。图 8-17 中 C 所示为 ΔL^* 数值，此数值代表明暗，三者的数值差距不是很大。填充环氧树脂的透明木材与填充 PMMA 的透明木材的 ΔE^* 值相比，ΔE^* 值分别从 20 和 15（图 8-16 中 D）降低到大约为 7 和 3（图 8-17 中 D）。对于填充 PMMA 的透明木材，总色差依然变化受 b^*（向黄色变化）的大幅增加的影响最大，并且受 L^*（亮度）轻微增加和 a^* 略微减少的影响较小（转向发

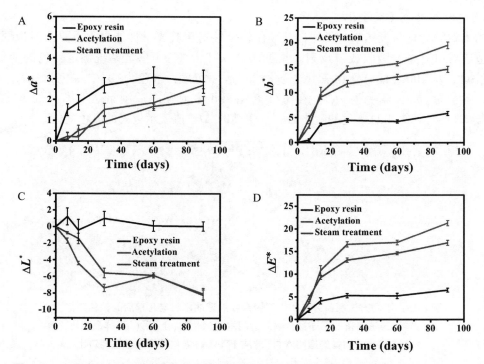

图 8-16　不同方法制备方法和填充环氧树脂的透明木材老化前后的色差变化：A、B、C 为纯
环氧树脂、蒸汽法透明木材、乙酰化透明木材老化样品 Δa^*、Δb^*、Δc^* 变化；
D 为纯环氧树脂、蒸汽法透明木材、乙酰化透明木材老化样品总色差 ΔE^* 变化

红）。这都说明了 PMMA 灌注的样品具有较好的色彩保持性，受老化的影响比环氧树脂的小。

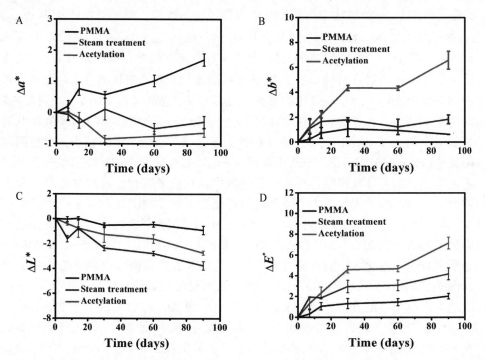

图 8-17　不同方法制备方法和填充 PMMA 的透明木材老化前后的色差变化：A、B、C 为纯
PMMA、蒸汽法透明木材、乙酰化透明木材老化样品 Δa^*、Δb^*、Δc^* 变化；D 为纯 PMMA、
蒸汽法透明木材、乙酰化透明木材老化样品总色差 ΔE^* 变化

8.4.2.4 老化前后力学性能的变化

图 8-18 显示了室外风化前后透明木材的机械强度。与光学性能不同，尽管采用不同脱木质素方法和不同的聚合物灌注得到的透明木材，但在室外老化 90d 后，它们的抗拉强度几乎没有变化，这也是比较好的一点，虽然老化后在微观上看到了聚合物的界面剥离现象，但这并未对机械性能造成影响。

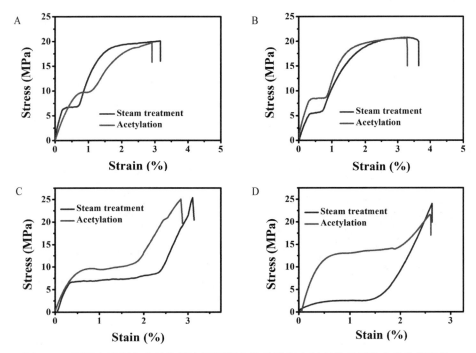

图 8-18　不同方法制备方法和填充不同聚合物的透明木材老化前后的力学性能变化：
灌注环氧树脂的蒸汽法透明木材、乙酰化透明木材老化前 (A) 与老化后 (B) 力学性能变化，
灌注 PMMA 的蒸汽法透明木材、乙酰化透明木材老化前 (C) 与老化后 (D) 力学性能变化

8.4.2.5 不同木质素含量透明木材的耐候性对比

基于上述研究中，可以看到树脂自身在老化过程中的稳定性不如 PMMA，因此，为了排除树脂老化变黄对透明木质素复合材料的影响，在研究不同木质素含量的透明木材耐候性过程中，使用了更加稳定的 PMMA 进行灌注。如图 8-19 所示，不同的木质素含量透明木材，在

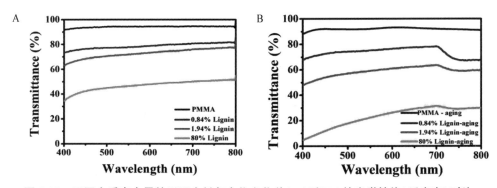

图 8-19　不同木质素含量的透明木材复合物老化前 (A) 后 (B) 的光学性能 (透光率) 对比

相同的实验条件下进行 PMMA 的灌注后，在透光率上出现了差异，图 8-19 中 A 中，80% 的木质素含量的透明木材，具有更低透光率，而随着木质素含量从 1.94% 到 0.84% 的过程中，透光率也逐渐升高，这可以看到，低木质素含量可以具有更高的透光性能，这主要是因为，可以回填更多的 PMMA 来取代木质素，图 8-19 中 B 为老化后，80% 木质素含量的透明木材在光学性能上，降低的更快。而 0.84% 木质素含量的透明木材，虽然也有所下降，但却相对缓慢。

图 8-20 为老化 90d 老化过程中的 80% 木质素含量有透明木材色差变化，可以明显地看出，色差上产生了非常大的变化，由原来的透明状变成接近原木的状态。从图 8-21 中 A、B 两图中可以看到，木质素含量越低，Δa^* 和 Δb^* 的变化越小，而 80% 木质素的含量的透明木材的在老化过程中，数值变化很大。相对于 ΔL^* 数值上，含有 0.84% 与 1.94% 木质素残留量的透明木材变化相近。而含有 80% 木质素的透明木材在老化过程中，亮度 ΔL^* 数值上持续走低(图 8-21 中 C)。对于三者色差的整体变化上，如图 8-21 中 D 所示，木质素含量越高，色差变化越大，木质素含量越低，色差变化越小，这说明，木质素含量越低，其抗老化性能越好。

图 8-20 80%含量的透明木材老化前后对比

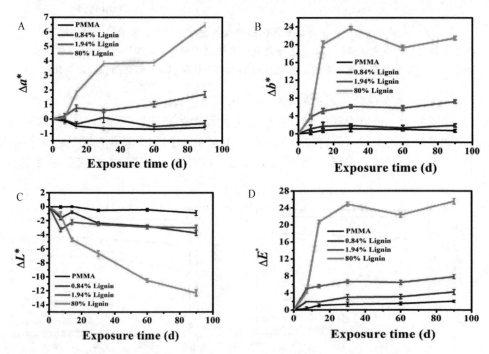

图 8-21 不同木质素含量的透明木材的老化色差变化：A、B、C 为纯 PMMA、不同木质素含量的透明木材老化样品 Δa^*、Δb^*、Δc^* 变化对比；D 为纯 PMMA、不同木质素含量的透明木材老化样品总色差 ΔE^* 变化对比

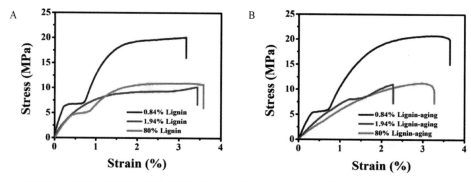

图 8-22 不同木质素含量的透明木材的老化前(A)后(B)机械强度(力学性能)变化

室外老化 90d 过程中,透明木材本身的机械并没有太大的变化,80% 木质素含量的透明木材由于由于内部具有较少的聚合物,因此,在机械拉伸性能上低于 0.84% 和 1.94% 木质素含量的透明木材,老化前后均相对稳定(图 8-22)。

8.4.3 小 结

在 H_2O_2 蒸汽脱木质素或 $NaClO_2$+乙酰化方法得到纤维骨架、填充环氧树脂或 PMMA 制备的透明木材,在 90d 室外老化后,通过透明木材老化前后的光学透射率、颜色、界面间隙和力学性能的变化,可以得出如下结论:

(1)通过蒸汽法脱木质素制备的透明木材,虽然残余木质素导致了颜色变化并且灌注的环氧树脂与纤维素之间形成了界面间隙,使得它们的颜色变成黄棕色以及光学透射率降低到约 70%,但透明木材在室外老化 90d 后仍然可以使用。

(2)透明木材在室外老化过程中的抵抗颜色变化的性能变差,受 b^*(向黄色变化)的大幅增加影响最大,受 L^*(亮度)轻微增加影响较小,受 a^* 影响也较大(转变为红色)。

(3)室外老化 90d 后,由于木质素含量较低,H_2O_2 蒸汽得到样品的抗老化性能优于 $NaClO_2$ 法并乙酰化的透明木材。

(4)室外老化 90d 对透明木材的力学性能影响可忽略不计。

(5)低木质素含量的透明木质复合材料具有更好耐候性,木质素含量越高,老化速度越快,光学性能降低得越快。

根据上述研究,老化使得光学性能的降低,因此需要通过将 TiO_2、ZnO 纳米粒子等紫外吸收剂引入透明木材,来进一步研究光学和颜色的长期稳定性。

8.5 半透明木屋模型

在国内外研究中,均证明了透明木材(厚 0.5cm)在建筑材料上具有极其优越的性能:①在可见光波长范围内具有高光学透明度(>85%);②高光学雾度(>95%),提供均匀一致的日光分布,无眩光效果;③优良的隔热性,沿木材生长方向的导热系数约为 0.32W/(m·K),横向平面的导热系数为 0.15W/(m·K),远低于玻璃的导热系数约 1W/(m·K)。在胡良兵的研究中,将厚 0.5cm 的透明木材作为屋顶并且与玻璃屋顶进行了对比。通过数据得出:透明木材与玻璃相比,它可以将光线进行大面积的散射,但是,光照会随着屋顶的距离而逐渐减弱,最暗的地方仅为最亮地方的 43% 左右(通过平行强光进行倾斜 45°照射)[3],而这在实际的光照下，太阳不断地进行移动，照射角度也会不断改变，室内环境将变得更暗，在阴天环境下也将更加如此，因此透明木材作为建筑屋顶无法真正的创一个均匀的室内光照。而由于透明木材自身尺寸的限制，寻求一种替代的解决方案仍是一个巨大的挑战。为了解决这一问题，本节将更加容易制备的厚2cm以及5.2cm的半透明墙体加入其中，使得四面墙体均有光线透过，来补充透明屋顶的缺陷，并且在晴天以及阴天环境下，对不同的房屋模型进行了测试，来展现其优越性[50]。

8.5.1 实验材料与方法

8.5.1.1 实验材料

材料：椴木，木材的尺寸为11cm×7cm×0.5(2、5)cm。用于从木材中除去木质素的化学品：H_2O_2(30%溶液，国药，中国上海)和NaOH(阿拉丁，中国上海)。用于渗透的聚合物：环氧树脂(E-128树脂和D-630硬化剂，南亚塑胶，中国台湾)。清洗溶剂：无水乙醇(国药，中国上海)，丙酮(国药，中国上海)和去离子水。

8.5.1.2 实验方法

脱木质素：将尺寸为11cm×7cm×0.5(2)cm的椴木放置在单位尺寸为5mm×5mm的网格上，然后分别将其置于沸腾的30%H_2O_2水溶液上方约4h和12h。为了避免脱木质素木材的崩解，将厚度为5.2cm的木材样品浸入100℃的2.5mol/L NaOH溶液中直至木材完全渗透(约12h)。取出样品并用去离子水冲洗以除去大部分剩余的化学物质。接下来，经处理的椴木用H_2O_2蒸汽脱木质素直至木材变白(约24h)。最后，用去离子水冲洗脱木质素木材，然后用乙醇初步脱水，在用乙醇和丙酮的1:1(体积比)混合物，最后用纯丙酮(逐步)。每个步骤重复多次，直到水被基本脱除。得到的不同厚度纤维骨架中剩余的木质素含量分别为分别为0.84%、0.94%和1.1%(厚度为0.5cm、2cm和5.2cm)。

聚合物渗透：将纤维骨架在真空下先脱除空气和丙酮溶剂，通过以3:1的质量比混合两种液体组分(E-128树脂和D-630)来制备环氧树脂。并利用树脂溶液进行滴注，同时不断地进行真空抽放，等待纤维骨架的透明度有一定的变化时，将其置于盘的底部并浸入到液体树脂中，进行真空灌注。大约20min后，释放真空以使树脂通过大气压力填充到木结构中。重复该过程多次，直到其整体通透。最后，将其放在两块玻璃板之间，并在30℃静置24h。待完全固化后，将透明木材从两块玻璃板上剥离。

房屋建筑模型：有五种型号房屋。①三个普通木墙(11cm×7cm×2cm)和普通木屋顶(11cm×7cm×0.5cm)的模型；②三个半透明的木墙(11cm×7cm×2cm)和普通木屋顶(11cm×7cm×0.5cm)的模型；③三个普通木墙(11cm×7cm×2cm)和透明木屋顶(11cm×7cm×0.5cm)的模型；④一个半透明的木墙(11cm×7cm×5cm)，两个普通木墙(11cm×7cm×5cm)和普通木屋顶(11cm×7cm×0.5cm)的模型；⑤三个半透明木墙(11cm×7cm×2cm)和透明木屋顶(11cm×7cm×0.5cm)的模型。

8.5.1.3 测试方法与表征仪器

微观形态表征：扫描电子显微镜SEM(TESCANVEGA3，Brno，The Czech Republic)。

透光率与雾度测试：UV-VIS-IR光谱仪(U-4100，Hitachi，Tokyo，Japan)。

机械性能：万能力学测试机(ProLi neZ020TN，Zwick，Ulm，Germany)。

照度测试：使用四个相同的数字照度计(BENETECH，GM1040B，深圳)测量照度。三个模型房屋均平行放置，朝向南方。模型房之间有足够的间距，以避免相邻模型房屋的阴影造成干扰。照度计水平放置在每个模型房屋内部。对于环境光强度，仪表水平地设置在地面上。

为了减少环境的影响，当测试模型房屋内的光强度时，门会被添加到所有模型房屋上，防止环境因素对测试的影响。数据通过照度计和手机之间的蓝牙收集。测试位置东南部为 134°，北纬 25°3′55″，东经 102°45′20″。晴天和阴天的光强测试时间分别是上午 8 点，下午 12 点，下午 5 点。

8.5.2　结果与分析

8.5.2.1　半透明木材的微观结构、光学、力学性能

为了建造一个透光的房屋模型，用于墙壁的材料应该足够坚固以支撑整个房屋。因此，首先通过 H_2O_2 蒸汽脱木质素，然后回填与纤维素折射率相近的环氧树脂获得 11cm×7cm×2cm 的半透明木材。图 8-23 所示，与原木相比，脱木质素木材的细胞壁和细胞壁角落中产生大量的微观孔隙(图 8-23 中 A 和 B)，这使得环氧树脂得以填充(图 8-23 中 C)以减少光散射到，从而获得半透明木材。通过图 8-23 中 D 和 E 可以看到，在 H_2O_2 汽蒸处理约 12h 后，厚度为 2cm 的 R 型椴木几乎变成白色。通过 2cm 厚的半透明木材可以看到单词 wood(图 8-23 中 F)。

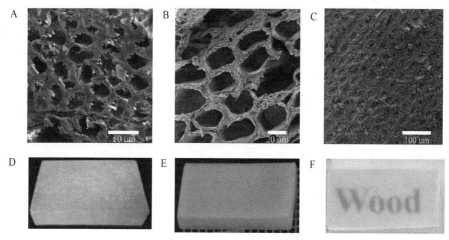

图 8-23　原木、纤维骨架、透明木材的微观结构：A 为天然木材 SEM，B 为纤维素骨架 SEM，C 为透明木材 SEM，D 为天然木材，E 为纤维素骨架，F 为透明木材图像

图 8-24 是半透明木材的光学和机械性能。图 8-24 中 A 显示了半透明椴木复合材料的透光率。2cm 厚的半透明木材的透射率约为 40%，图 8-24 中 B 显示，2cm 厚的半透明木材的雾度约为 97%，半透明木材垂直对齐的通道导致了宏观上的光传播效应，入射光经过半透明木材厚的形成了面积更大的光散射(图 8-24 中 C)。图 8-24 中 D 显示了天然木材、环氧树脂和半透明木材的力学性能。与天然木材相比，半透明木材可以明显的改善力学性能，断裂强度和模量分别高达 19.09MPa 和 1.53GPa，这高于国外研究者制备的环氧树脂基透明木材 (11.7MPa)。较好的力学性能、良好的透光能力、光线散射能力以及极高的雾度，都显示了半透明木材作为建筑材料的优越性。较好的力学性能让它能够代替天然木材，光线散射能力，可以对光线进行发散，使得室内的亮度更加均一、稳定，在防止光线直射引起眩光的同时又节约室内能源，而极高的雾度又可以保护隐私。

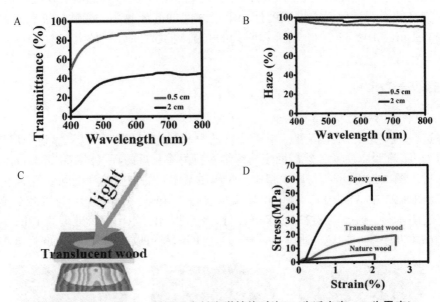

图 8-24   0.5cm 和 2cm 厚透明木材光学性能对比(A 为适光率、B 为雾度)、
光线散射(C)以及机械强度对比(D)示意图

8.5.2.2   不同房屋模型的在实际环境中的室内光照强度

2cm 厚的半透明木材,有 19MPa 的机械强度、40%透光率和 97%雾度,可用作墙壁材料,具有良好自然光采集和保护隐私的特性。在图 8-25 中,使用 3 块 2cm 厚的半透明木材作为墙壁以及用 1 块 0.5cm(尺寸为 20cm×5cm)厚的天然木材作为屋顶构建房屋模型。阳光(晴天)和环境光(阴天)用作光源。由于其 40%的透射率,光线可以透过半透明的木墙传递到房屋模型内。本节通过测量晴天阳光以及阴天环境下的 8∶00(上午),12∶00(中午)和 5∶00(下午)的光强度来研究阳光输入角度对 3 种房屋模型内光强度的影响。众所周知,太阳东升西落,随着太阳的移动,太阳光的输入角度将会改变(图 8-25 中 A)。带有透明木材屋顶模型可以在中午捕获更多的阳光,但是在早上和下午捕获阳光却较少。相反,东边半透明木材墙可以在早晨捕获更多的阳光,而西边半透明木材墙可以在下午捕获更多的阳光。如图 8-25 中 B 和 C 所示,天然木屋模型内的光强度在晴天和阴天都是非常低的,而其他两种模型内的光强度却展现出了较高的光强数值。在阳光明媚的早晨,环境光照强度为 $70×10^3$ Lux,0.5cm 厚透明屋顶的房屋模型内的光强度为 $15.3×10^3$ Lux,而带有 3 面半透明墙的房屋模型光强度达到了 $45.8×10^3$ Lux。在中午时,太阳在屋顶上方移动,环境光照强度为 $110×10^3$ Lux 时,具有透明屋顶的房屋模型的内部光强度为 $46×10^3$ Lux,这优于半透明墙壁房屋模型($38×10^3$ Lux)。这表明透明屋顶在中午比半透明的墙体捕获更多的阳光。在下午 5∶00,环境光强度为 $36×10^3$ Lux,0.5cm 透明屋顶的房屋模型内部的光强度为 $7.58×10^3$ Lux,而 3 面半透明墙体的房屋模型由于西边墙体原因使得室内光强度达到 $23.4×10^3$ Lux。在阴天的情况下,3 面半透明墙体房屋模型内的光强都优于只有透明屋顶的房屋模型:环境光强从 $9.5×10^3$ Lux 变化到 $2×10^3$ Lux,半透明墙 3 面的房屋模型内的光强度从 $3×10^3$ Lux 变为 $6×10^3$ Lux,而透明屋顶的房屋模型内部光强从 $1.6×10^3$ Lux 到 $4×10^3$ Lux。因此,2cm 厚半透明木墙的房屋模型在实际测量中显示出了比 0.5cm 厚透明木顶的房屋模型更好的室内明亮度,无论是在晴天还是阴,这相对于人造日光灯(约 200Lux)已经足够。

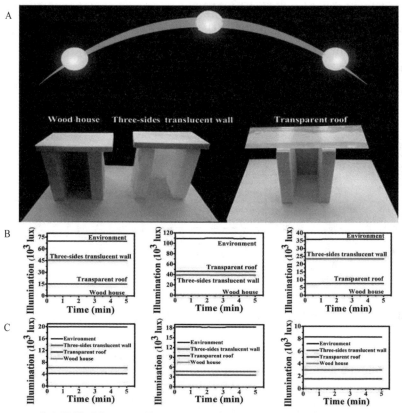

图 8-25　三种房屋模型在不同环境、不同时间点的光强变化：A 为太阳东升西落对房屋模型照射示意图；B、C 为晴天(B)以及阴天(C)环境下木屋、透明屋顶、透明墙体三种模型在 8 点(上午)、12 点(正午)、5 点(下午)，模型房屋内部所获得的光照强度

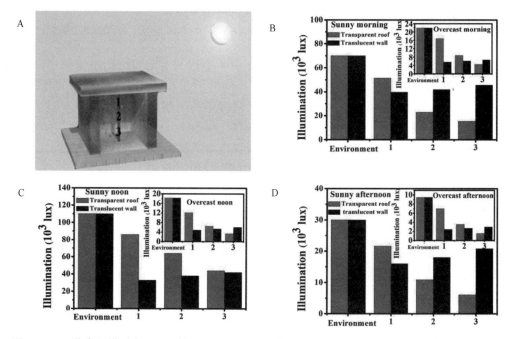

图 8-26　两种房屋模型在不同环境、不同时间段的内部三点光强变化：A 为房屋模型内部测试光强的三个位置点示意图；B、C、D 为晴天和阴天的早晨(B)、正午(C)、下午(D)透明屋顶与半透明墙体模型房屋内部三点的光强大小

同时，为了探求房屋模型内光强的均匀程度，在房屋模型内选取了 3 个点(从屋顶到地面)，在晴天以及阴天环境下分别对房屋模内的 3 点进行了光强的测量(图 8-26 中 A)。如图 8-26 中 B 和 C 所示，无论是早晨、正午还是下午，在晴天环境下，只有透明屋顶的房屋模型内部，从屋顶到地面的光强都是逐渐降低，而在阴天环境下也展现出了相同的规律。然而对于 3 面为半透明墙体的房屋模型内部而言，无论是晴天还是阴天环境下，各时间段中的模型内部 3 点的光强差距非常小，这说明半透明墙体比透明更能够提供均匀的光照。

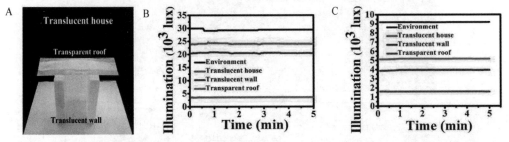

图 8-27 全透光房屋模型与其他房屋内部光强的对比：A 为半透明墙体与透明屋顶组成的全透光房屋模型；B、C 为晴天(B)以及阴天(C)环境下的下午 6 点，只有屋顶透光、只有墙体透光以及二者组合的全透光房屋模型内部所获得的光强对比

通过以上对透明屋顶以及 3 面半透明墙体的研究，可以看到，两者在不同的时段都具有各自的优势，虽然墙体展现出了更加均匀的内部光强，但是为了更加充足的室内光，两者结合在一起是必要的。因此为了在整个房屋模型内获得均匀，展现出更加强烈的室内光照，通过半透明墙体和透明木屋顶的组合建立房屋模型是一个很好的解决方案。如图 8-27 所示，笔者建造了一个房屋模型，其中 3 面为 2cm 厚的

图 8-28 全透光木屋模型

半透明木墙和 0.5cm 厚的透明木屋顶组合而成。由于半透明木墙和透明木屋顶之间透射光的相互补偿，在晴天($30×10^3$Lux)和阴天($9.1×10^3$Lux)的下午 6 点，房屋模型内的光强度为 $24×10^3$Lux 和 $5.1×10^3$Lux(图 8-27 中 B 和 C)分别比仅有半透明墙体或仅有透明木屋顶的房屋模型更好。为了更加直观的展示效果，又制备了 5 块 10cm×5cm×1cm 厚度的透明木材，组成了一个较大的模型房屋，在下午阳光的照射下，展现出了明亮的室内环境(图 8-28)。

8.5.2.3 可作为建筑模块使用的 5.2cm 厚的半透明木材

为了更加符合真正的建筑模块，笔者制备出了 5.2cm 厚的半透明木材，首次展现出了真正可用来捕获自然光的墙体材料，这是目前透明木质复合材料范畴中厚度最厚的。如图 8-29 所示，本研究中的半透明木材的厚度接近标准砖的厚度，尺寸为 24cm×11.5cm×5.3cm。根据 2cm 厚的半透明木材的制备，通过脱木质素随后渗透环氧树脂制备 11cm×7cm×5.2cm(厚度)半透明木材。如图 8-29 中 A 所示，由于其厚度较大，很难用 UV-vis 测量仪测量其透光率，因此用通过数字照度计粗略测量其透光率。结果表明，透过 5.2cm 厚的半透明木材的光强约为环境光的 20%(图 8-29 中 B)。为了可以更明显地观察到半透明的墙到房屋模型的中心距离，特意制作了内部尺寸为 14cm(长度：缝合 2 件 11cm×7cm×5cm 的复合材料)×11cm(高)×5cm(宽)房屋模型。选择房屋模型内的三个不同点，并标记为点 1、点 2、点 3，距离半透明

墙体的距离分别为 1cm(点 1)，5cm(点 2)和 10cm(点 3)，如图 8-29 中 C 所示。图 8-29 中 D 显示了在晴天和阴天中 5cm 厚的半透明墙体的房屋模型内所具有的光强。随着与半透明墙体距离的增加，光强逐渐减小。在下午 2 点(晴天环境)，环境光强度为 91×10^3 Lux，位置 1、位置 2 和位置 3 的光强分别为 19.8×10^3 Lux、12.7×10^3 Lux 和 8.2×10^3 Lux。同样，在阴天的下午 2 点，环境光强度为 16.5×10^3 Lux，位置 1、位置 2 和位置 3 的光强分别为 3.2×10^3 Lux、2.3×10^3 Lux 和 0.6×10^3 Lux，这表明 5cm 厚半透明木材是一种很好的潜在墙体材料，也同样可以有效地捕获阳光。

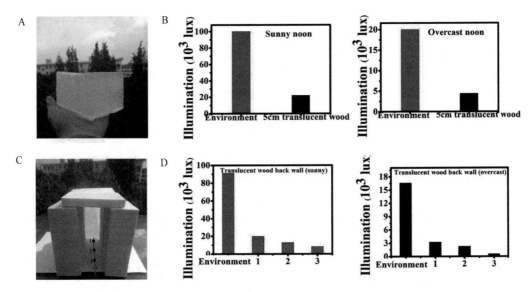

图 8-29 5cm 厚半透明木材在环境中光透光率及作为房屋模型墙体的表现：A 为 5.2cm 厚度的半透明木材；B 为晴天与阴天正午 5.2cm 厚的透明木材所获得的环境光强；C 为 5.2cm 半透明木材作为房屋模型一面墙体后，房屋模型内部所测光强的三个位置点；D 为 5.2cm 半透明木材作为一面墙体后，模型房屋内在晴天和阴天环境下三个位置的光强大小

8.5.3 小 结

(1)通过 H_2O_2 蒸汽脱木质素后灌注环氧树脂制备出 2cm 和 5.2cm 厚的半透明木材。虽然它们的透射率仅为 40% 和 20% 左右，但它们可作墙体材料，用以在晴天和阴天下捕捉环境光，增加室内的亮度。

(2)实验结果表明，在晴天上午 8：00 和下午 5：00，3 面半透明木材墙的房屋模型内的光强度是周围阳光的 60%。在整个阴天，光强度超过透明屋顶(0.5cm 厚，透光率为 85%)的房屋模型。

(3)拥有 3 面半透明木材墙体的房屋模型内的光线比只有透明木材屋顶的房屋内部模型更强、更均匀，尤其是远离屋顶的位置。

(4)最后，在阴天条件下，距离半透明墙 10cm 处，5.2cm 厚的半透明木材强体的房屋模型内的光强度为 600Lux，这对于日间照明来说已经足够(夜晚距离室内节能灯位置 1.5m 左右的光强为 200~400Lux)。

因此，通过将厚度为 2cm、5.2cm 的半透明木材引入建筑房屋中，特别是对于多层建筑，可以极大地减少对室内人工灯的使用从而减少能源的消耗，这对于未来的节能建筑来说非常有意义。

8.6 结 论

　　透明木材具有多种优越的性能：高透光率、高雾度、优于木材的机械强度、良好的隔热性以及耐冲击等，而制备透明木材过程中纤维素骨架的保持以及低木质素残留量是非常重要的。H_2O_2 或者 H_2O_2/HAc 蒸汽法与热漂白溶液法相对比，蒸汽法的脱木质素是高效的，可以使纤维骨架得以保持并且具有较低含量的木质素，所制备出的透明木材的光学性能和力学性能可以与乙酰化透明木材相媲美。而蒸汽法得到较大的纤维素骨架也可以制备尺寸更大的透明木材，这对研究透明木材的实际应用是非常有意义的。在老化过程中，蒸汽法所得到的透明木材由于更低的木质素含量而使得其具有更加好的耐候性。本章具体的研究结果如下：

　　(1)透明木材的光学性以及力学性能主要与木质素的剩余含量以及纤维骨架中的孔隙结构数量(数量越多，灌注的聚合物越多，性能越好)有关，而 H_2O_2 或者 H_2O_2/HAc 蒸汽法与溶液法相对比，具有高效脱除木质素并保持纤维骨架以及对纤维素的降解小的特点，并且剩余的木质素含量也更低，这也使得纤维骨架中有更多的微孔结构。同时也可以对尺寸更大(210mm×190mm×0.8 以及 110mm×80mm×50mm)的木材进行脱木质素。

　　(2)通过蒸汽法提供的良好的、较厚的大尺寸纤维素骨架，制备 5mm、10mm、2mm 等不同厚度的透明木材(长宽为 100mm×50mm)，甚至制备出 200mm×50mm×5mm 的透明木材，也具有较好的光学性能和力学性能(87%高透光率，90%高雾度和超过天然木材 3.6 倍的高机械强度)，并且能够与乙酰化改性后的透明木材相媲美，此方法更加简单、绿色。

　　(3)通过蒸汽法脱去木质素，随后灌注环氧树脂，制备出了 2cm 和 5.2cm 厚的半透明木材。虽然它们的透射率仅为 40%和 20%左右，但它们可用作墙壁材料，在晴天和阴天捕捉环境光，通过搭配不同的房屋模型后，半透明木材组成的墙体模型在晴天和阴天环境中的作用要强于只有透明屋顶的模型，并且各点的光强更加均匀。所制备出的 5cm 半透明木材，可以透过 20%的环境光，作为房屋模型一面墙体后，在阴天环境下，室内仍具有 600Lux 的光强度，这对于日间照明来说已经足够(夜晚距离室内节能灯位置 1m 左右的光强为 200～400Lux)，可以看出，将半透明木材用在建筑中，可以极大的减少因室内人工灯而产生的能源消耗。

　　(4)H_2O_2 蒸汽脱木质素或乙酰化的 $NaClO_2$ 法得到纤维骨架、填充环氧树脂或 PMMA 制备的透明木材的 90d 室外老化后，它们的颜色变成黄棕色，并且光学透光率降低到约 70%，但仍然可以使用。而在力学的上变化可忽略不计，而较低的木质素含量使得蒸汽法得制备的透明木材具有更好的耐候性。同时，用 PMMA 填充的透明木材的色差变化比环氧树脂填充的要小得多，具有更好的稳定性。

　　综上所述，通过蒸汽法，得到具有低木质素含量、高光学性能和力学性能的透明木材，并且也能得到大尺寸的透明木材以及半透明木材，具有优越的实际应用性以及抗老化能，可以为后续透明木材的发展提供较好的参考与借鉴意义。

参考文献

[1] Zhu M, Song J, Li T, et al. Highly anisotropic, highly transparent wood composites[J]. Advanced Materials, 2016, 28: 5181-5187.

[2] Yaddanapudi H, Hickerson N, Saini S, et al. Fabrication and characterization of transparent wood for next gen-

eration smart building applications[J]. Vacuum, 2017, 14: 649-654.

[3] Li T, Zhu M, Yang Z, Song J, et al. Wood composite as an energy efficient building material: guided sunlight transmittance and effective thermal insulation[J]. Advanced Energy Materials, 2016, 6(22): 1601122.

[4] Li Y, Fu Q, Yu S, et al. Optically transparent wood from a nanoporous cellulosic template: combining functional and structural performance[J]. Biomacromolecules, 2016, 17(4): 1358-1364.

[5] GanW, Xiao S, Gao L, et al. Luminescent and transparent wood composites fabricated by PMMA and #-Fe_2O_3 @ YVO_4: Eu^{3+} nanoparticles impregnation[J]. ACS Sustainable Chemistry & Engineering, 2017, 5: 3855 -3862.

[6] Fink S. Transparent wood—a new approach in the functional study of wood structure[J]. Holzforschung, 1992, 46: 403-408.

[7] ZhuM, Li T, Davis C, et al. Transparent and haze wood composites for highly efficient broadband light management in solar cells[J]. Nano Energy, 2016, 26: 332-339.

[8] Zheng R, Tshabalala M, Li Q, et al. Construction of hydrophobic wood surfaces by room temperature deposition of rutile (TiO_2) nanostructures[J]. Applied Surface Science, 2015, 328, 453-458.

[9] 吴燕, 唐彩云, 吴佳敏, 等. 透明木材的研究进展[J]. 林业工程学报, 2018, 4: 12-18.

[10] 汪颖, 付时雨. 透明木材研究进展[J]. 中国造纸, 2018, 6: 68-72.

[11] Buildings | Department of Energy[EB/OL]. http://energy.gov/eere/efficiency/buildings, accessed: 2016-4.

[12] 雷洪, 杜官本, Pizzi A. 单宁基木材胶黏剂的研究进展[J]. 林产工业, 2008, 35: 15-19.

[13] Zheng R, Tshabalala M, Li Q, et al. Weathering performance of wood coated with a combination of alkoxysilanes and rutile TiO_2 hierarchical nanostructures [J]. BioResources, 2015, 10: 7053-7064.

[14] Zheng R, Tshabalala M, Li Q, et al. Photocatalytic degradation of wood coated with a combination of rutile TiO_2 nanostructures and low-surface free-energy materials [J]. BioResources, 2016, 11: 2393-2402.

[15] Zheng R, Meng X, Tang F. Synthesis, characterization and photodegradation study of mixed-phase titania hollow submicrospheres with rough surface [J]. Applied Surface Science, 2009, 255: 5989-5994.

[16] Sjostrom E. Wood chemistry: fundamentals and applications[J], Gulf Professional Publishing, San Diego, CA, USA, 1993: 1-20.

[17] RussellA, Richard L. Formation and structure of wood[J]. American Chemical Society, Washington, DC. USA, 1984: 3-56.

[18] Neimo, Yhdistys P, Technical association of the pulp and paper industry[J]. Papermaking Chemistry, TAPPI Press, Atlanta, GA, 1999.

[19] Wriedt T. The Mie Theory [M]. Springer-Verlag, Berlin, Germany, 2012.

[20] Denes F, Cruz. Barba L, Manolache S. Plasma treatment of wood. In: Handbook of wood chemistry and wood composites [M]. CRC Press, 2005, 16: 447-473.

[21] MahltigB, Swaboda C, Roessler L, et al. Functionalising wood by nanosol application [J]. Chemical of Materials, 2008, 18: 3180-3192.

[22] Wang C, Piao C, Lucas C. Synthesis and characterization of superhydrophobic wood surfaces [J]. Journal of Applied Polymer Science, 2011, 119, 1667-1672.

[23] Li J, Yu H, Sun Q, et al. Growth of TiO_2 coating on wood surface using controlled hydrothermal method at low temperatures [J]. Applied Surface Science, 2010, 256: 5046-5050.

[24] Gan W, Gao L, Xiao S, et al. Transparent magnetic wood composites based on immobilizing Fe_3O_4 nanoparticles into a delignified wood template[J]. Journal of Materials Science, 2016, 52(6): 3321-3329

[25] Yu Z, Yao Y, Yao J. Transparent wood containing Cs_xWO_3 nanoparticles for heat-shielding-window application [J]. Journal of Materials Chemistry A, 2017, 5: 6017-6024.

[26] 唐彩云, 吴燕, 吴佳敏, 等. 透明木质基复合材料的研究——脱木质素工艺的优化[J]. 家具, 2018, 39(3): 16-21

[27] 秦建鲲, 白天, 邵亚丽, 等. 不同树种多层透明木材的制备与表征[J]. 北京林业大学学报, 2018, 7 (40): 113-120

[28] 陈玉和, 黄文豪, 常德龙, 等. 氢氧化钠预处理对木材漂白促进作用的研究[J]. 林产化学与工业, 2000, 1: 52-56

[29] 余子涯. 透明木基复合材料的制备及性能调控[D]. 上海: 上海大学, 2018.

[30] Li Y, Yu S, Veinot J, et al. Luminescent transparent wood [J]. Advanced Optical Materials, 2017, 5(1): 201770005.

[31] 李坚, 甘文涛, 高丽坤, 等, 一种荧光透明磁性木材的制备方法: CN106313221A[P].

[32] Li Y, Fu Q, Rojas R, et al. Lignin-retaining transparent wood [J]. ChemSusChem, 2017, 10(17): 3445-3451.

[33] Goodrich T, Nawaz N, Feih S, et al. High-temperature mechanical properties and thermal recovery of balsa wood [J]. Journal of Wood Science, 2016, 56(6): 437-443.

[34] Das T, JainA, Pollution prevention advances in pulp and paper processing [J]. Environmental Progress, 2001, 20(2): 87-92.

[35] Li Y, Vasileva V, Sychugov I, et al. Optically transparent wood: recent progress, opportunities and challenges. Advanced Optical Materials, 2018, 6: 1800059.

[36] Jeremic D, Goacher R, Yan R, et al. Direct and up-close views of plant cell walls show a leading role for lignin-modifying enzymes on ensuing xylanases[J]. Biotechnol. Biofuels, 2014, 7(1): 496.

[37] Li Y, Yang X, Fu Q, et al. Towards centimeter thick transparent wood through interface manipulation[J]. Journal of Materials Chemistry A, 2018, 6(3): 1094-1194.

[38] 吴博士, 张逊, 杨俊, 等. 亚氯酸盐预处理杉木细胞壁木质素溶解机理研究[J]. 林产化学与工业, 2017, 37(3): 38-44.

[39] 唐丽荣, 黄彪, 廖益强, 等. 纤维素热解反应研究进展[J]. 广州化工, 2009, 37(9): 8-10

[40] 周亚巍. 木塑复合材料的界面相容性及增强机理研究[D]. 雅安: 四川农业大学, 2015.

[41] Li Y, Fu Q, Yang X, et al. Transparent wood for functional andstructural applications[J]. Philosophical Transactions of The Royal Society A Mathematical Physical and Engineering Sciences, 2018, 376: 20170182.

[42] Frey M, Widner D, Segmehl J, et al. Delignified and densified cellulose bulk materials with excellent tensile properties for sustainable engineering. ACS Applied Materials & Interfaces, 2018, 10(5): 5030-5037.

[43] Fu Q, Medina L, Li Y, et al. Nanostructured wood hybrids for fire retardancy prepared by clay impregnation into the cell wall. ACS. Applied Materials & Interfaces, 2017, 9(41): 36154-36163.

[44] Zhu M, Wang Y, Zhu S, et al. Anisotropic, transparent films with aligned cellulose nanofibers[J]. Advanced Materials, 2017, 29(21): 1606284.

[45] Jia C, Li T, Chen C, et al. Scalable, anisotropic transparent paper directly from wood for light management in solar cells[J]. Nano Energy, 2017, 36: 366-373.

[46] 方志强. 高透明纸的制备及其在电子器件中的应用[D]. 广州: 华南理工大学, 2014.

[47] Li H, Guo X, He Y, et al. A green steam-modified delignification method to prepare low-lignin delignified wood for thick, large highly transparent wood composites[J]. Journal of materials research, 2018, 34(6): 932-940.

[48] Chauvel P, Collins J, Dogniaux R, et al. Glare from windows: current views of the problem[J]. Technology, 1982, 14(1): 31-46.

[49] Borisuit A, Linhart F, Scartezzini J, et al. Effects of realistic office day lighting and electric lighting conditions on visual comfort, Alertness and Mood[J]. Technology, 2015, 47: 192-209.

[50] Li H, Guo X, He Y, et al. House model with 2~5 cm thick translucent wood walls and its indoor light performance[J]. European Journal of Wood and Wood Products, 2019, 77: 843-851.

附　录

1. 中新社视频报道

http：//www. chinanews. com/sh/shipin/cns/2019/10-15/news834702. shtml

2. MRS Bulletin 报道

https：//www. cambridge. org/core/journals/mrs-bulletin/news/steaming-technique-makes-wood-transparent

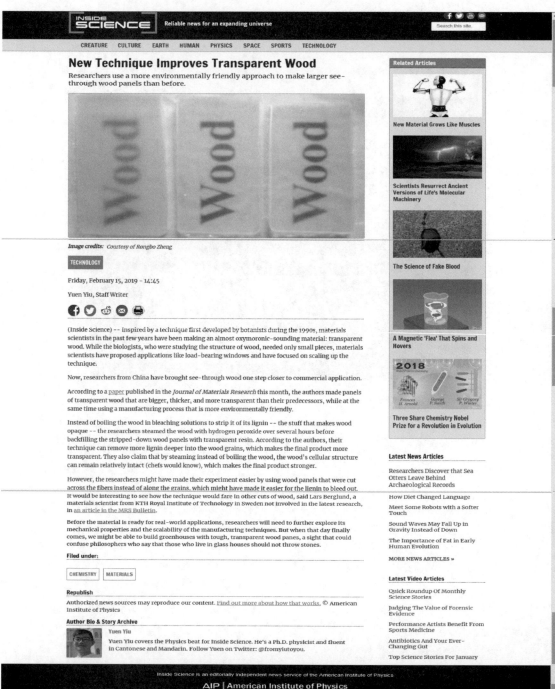

3. American Institute of Physics 的 Inside Science 报道

ttps：//www. insidescience. org/news/new-technique-improves-transparent-wood

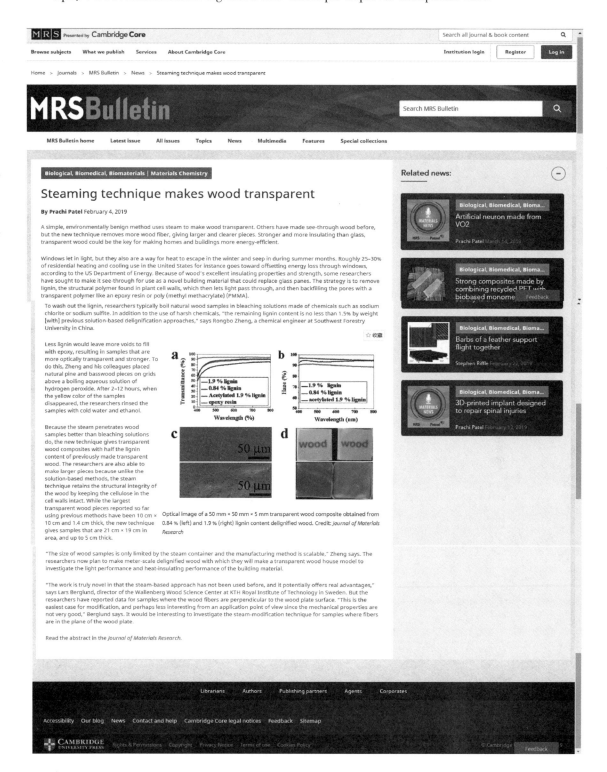